# 在未来
# 与更好的自己
# 相遇

编著

中国商业出版社

**图书在版编目（ＣＩＰ）数据**

在未来与更好的自己相遇 / 冯化太编著． -- 北京：
中国商业出版社，2019.8
　　ISBN 978-7-5208-0859-0

　　Ⅰ．①在… Ⅱ．①冯… Ⅲ．①人生哲学－通俗读物
Ⅳ．① B821-49

　　中国版本图书馆 CIP 数据核字（2019）第 160930 号

责任编辑：常 松

中国商业出版社出版发行

010-63180647　www.c-cbook.com

（100053　北京广安门内报国寺 1 号）

新华书店经销

山东汇文印务有限公司印刷

*

710 毫米 ×1000 毫米　16 开　15 印张　180 千字

2020 年 1 月第 1 版　2020 年 1 月第 1 次印刷

定价：56.00 元

* * * *

（如有印装质量问题可更换）

# 前言

在未来，你想成为一个什么样的自己？是得过且过、饱食终日、碌碌无为？还是奋发图强、力争成功、服务社会？相信大部分人都很想成为一位对社会有用的人或是成为一位受人尊敬的人吧！但是有梦想容易，实现梦想却很难。有些人把梦想当作理想，并为之努力奋斗，最终取得了成功；而有些人却将梦想变成了幻想和空想，浑浑噩噩，虚度一生。

要想梦想成真，首先要把梦想变成理想。理想是已经有了明确的行动方案。没有行动方案，那还是在梦想；有行动方案，这就是理想。当然，光有理想也不行，还要有好的方法与必要的能量，这个方法与能量还必须与理想相匹配。比如，火可以把水烧开，但用一个普通打火机肯定无法办到。原因就在于理想和能量不匹配。当各种因素不匹配的时候，人的理想就会变成空想。

要想梦想成真，还需要解决两个问题：第一，明确成功是什么？第二，知晓如何走向成功？只有先解决了这些问题，我们的梦想才不会变成幻想，我们的理想也才不会变成空想。

什么是成功？关于成功的定义，众说纷纭。有人说，成功就是做大官；也有人认为，成为千万甚至亿万富豪才是成功；也有人认为取得很大的学术成就才是成功……

在一般意义上，成功是指在人生道路上实现价值目标。一个人得到社会、历史、人民的认可，无论结果如何，都可认为他是一个成功的人。

实际上，一个人只有在对自己有较高评价并认为自己一定会成功时，他才可能真正成功。这中间的道理也很简单，那就是人不可能给别人连自己都没有的东西。如果一个人觉得自己的生命没有价值，那么又怎么可能给社会创造价值，并最终得到社会的承认呢？

人们常说"期望什么，得到什么"。期望平庸，就得到平庸；期望伟大，就有可能真的伟大。如果说人像一部汽车，那么期望就像汽车的变速挡，而心中的怀疑、自卑、愤恨、失败感等消极想法就像汽车发动机里的锈斑和污垢，只有在清除这些污垢并挂上高速挡时，人生这部汽车才能快速地奔向成功。而一个对自己期望很低并且自卑的人则好像一辆只有低速挡的冒着黑烟的老爷车，是永远也难以迈向成功之路的。正如一句唐诗中描绘的"沉舟侧畔千帆过，病树前头万木春"，现代社会是一个人才济济充满竞争的社会，只有自信并敢于行动的人才有成功的机会。

正像英国作家萨克雷的名言一样："生活是一面镜子，你对它笑，它就对你笑；你对它哭，它也对你哭。"一切伟大的行动和伟大的思想都拥有一个微不足道的开始。当你真正下定决心一定要做的时候，所有事情就会变得很容易。拥有信心，立即行动，就会拥有你期待的人生。

为了使你在未来能够变成理想的自己，我们特地编辑了本书，主要通过成功的自我形象、处世哲学、生活态度、目标设定、心态调适、如何工作以及发掘潜意识等问题入手，以通俗的语言，朴实的道理，详细具体地分析了我们在实现成功的道路上容易出现或遇到的问题，并相应提出了重要而实用的解决方法。相信通过阅读本书，一定会对我们强化心理优势、迈向成功之路起到积极而现实的指导作用。

# 目 录

第一章　攀登成功的巅峰

生命中错过的美好事物 ………………………………………002

挖掘自己的潜力 ………………………………………………003

获得"神来之笔" ……………………………………………004

文字的神奇力量 ………………………………………………005

怎么定义美梦成真 ……………………………………………006

"爬树"秘诀的启迪 …………………………………………007

成功的信念与态度 ……………………………………………009

聪明人与垃圾思想 ……………………………………………010

培养良性的企图心 ……………………………………………015

开启成功的钥匙 ………………………………………………018

第二章　成功的自我形象

让世界因你而美丽 ……………………………………………022

知道自己是贼吗 ………………………………………………024

爱自己就等于爱别人 …………………………………………027

否定恶劣的形象 ………………………………………………032

尺有所短，寸有所长 …………………………………………036

多多进行亲密接触 ·························· 039

一定要忠告伪君子 ·························· 043

塑造崭新的自我 ···························· 045

丰富的人生点滴 ···························· 057

## 第三章　成功的处世哲学

拥有热情的态度 ···························· 064

人人都是负债者 ···························· 066

别贩卖爱、忠诚和友谊 ···················· 069

给予越多，得到越多 ······················ 071

欣赏别人的优点 ···························· 074

学会尊重他人 ······························ 079

爱能给予它所拥有的 ······················ 082

试着向上看 ································ 086

## 第四章　生活的好坏由你决定

有效的沟通从尊重开始 ···················· 090

操纵别人等于毁灭自己 ···················· 092

需要鼓励还是命令 ························ 095

"后见之明"的益处 ························ 098

要爱你的另一半 ·························· 102

爱需要主动地付出 ························ 106

"一桶欢笑"的新配方 ···················· 108

## 第五章　学会设定目标

是缺少方向还是没时间 ···················· 112

做出好的决定 …………………………………………… 118

清点你所拥有的 ………………………………………… 123

要有成功的灵魂 ………………………………………… 125

训练跳蚤的方法 ………………………………………… 129

你是悲观主义者吗 ……………………………………… 133

走进目标之门 …………………………………………… 135

做你最感兴趣的工作 …………………………………… 138

创造美好的人生 ………………………………………… 144

第六章　注意心态问题

态度非常重要 …………………………………………… 146

你认为能你就能 ………………………………………… 152

医治"腐臭思想"的处方 ……………………………… 157

什么使你成功或失败 …………………………………… 164

你的精神食粮是什么 …………………………………… 168

成功的黄金守则 ………………………………………… 170

培养良好的习惯 ………………………………………… 173

第七章　为自己而工作

不可能有天生的赢家 …………………………………… 180

千万别被小聪明所误 …………………………………… 183

一定记住成功的誓言 …………………………………… 192

小人物成为大人物的途径 ……………………………… 196

给予与收获的关系 ……………………………………… 201

找到成功的"靠山" ……………………………………203

第八章　唤醒你的潜意识

热望的巨大威力 ……………………………………210

得失总在弹指间 ……………………………………213

为潜意识而催眠 ……………………………………216

在聪明之中的无知 …………………………………222

立志化腐朽为神奇 …………………………………225

# 第一章　攀登成功的巅峰

成功是什么？如何达到成功的巅峰？

成功的机会在于个人，而不在于什么工作，唯有在选择之后努力经营，才能攀至人生的巅峰。无论你是否已经决定，事业或生活都已经在快速前进，希望你能加入这趟旅程，收获更多的成功。

# 生命中错过的美好事物

先讲一个故事给大家听吧。

在美国的纽约市，住着一位叫约翰·希斯的商人。有一次，他要去波士顿，到机场买好机票，还有几分钟时间，他就走到电脑游戏机旁边，踩上去扔了块铜板，开始玩一款自己的游戏，谁知一进入游戏，他就进入兴奋状态，一会儿竟然忘了乘机时间，等到一局游戏结束，他发热的大脑冷静下来，这才想起自己的正事。他飞快地奔向机场，却发现自己乘座的飞机已经昂首飞向空中。

这本书就是写给那些错过正点飞机，或者因故提早下飞机的人看的。换句话说，本书是为错过生命中许多美好事物的人写的，希望能帮助所有的人得到自己应得并且有能力得到的东西。

本书作者字斟句酌，尽可能用对话的方式写作，就像和你单独在房里面对面讨论你和你的未来一样。他希望读者把所有希望及乐观的信息当作对他们的勉励，如果真能如此，也就可以如愿以偿了。

在本书的开头，就已播下希望、成功、快乐、信心及热爱的种子，然后"灌溉""施肥"，甚至额外增加一些种子。等到看完本书，你就会收到自己辛苦经营的成果。

再强调一下，这是一本有关"积极精神态度"，或者"积极生命态度"的书。只有积极信仰的力量，才能使积极思想付诸积极行动。人是肉体和精神的结合体，只有"完整的人"，或者说身心健康的人，才可能获得一切的成功。

# 挖掘自己的潜力

人们常说"一幅画胜过千言万语"，经过千千万万人的重述，就会有许多人相信。但金克拉却这样认为："相信这句话的人并没有仔细读过林肯的《葛底斯堡演讲》或《人权法案》，也不了解《诗篇》第二十三篇或《主祷文》。这些作品都是文字——仅仅只是文字——但却改变了国家的命运，改写了历史，影响了人类。"

另外，还有必要谈一则文字对生命戏剧化影响的实例。电影《彼得大帝》正在拍摄时，有一幕令人永生难忘的戏。饰演彼得大帝的演员正在布道，讲题是关于信仰与忠诚。戏拍完后，摄影机仍在继续工作，许多演员起身上前向主角的精彩演出祝贺，其中有一位女演员玛嘉丽·蓝伯仍深深融入剧情中（幸好摄影机并未停止转动），怎么说呢？一年多前，她因车祸受伤，寸步难行。她听了这些充满信心、鼓舞的演讲之后，竟然坚定了自己的信仰，站起来往前走，而且不停地走！

当然，有必要说明一点，并不是说本书的"文字"能改变世界，或者能造成像玛嘉丽·蓝伯一样神奇的效果。但我们深信，书中的哲理必能带给你彻底的改变。曾经有许多人证实，只要肯接受"更丰富的人生"的观念，就会得到极大的收益。

本书希望能"挖掘"你更大的潜力。请牢牢地记住：本书能带给你很大的收获，更重要的是能使你的心灵产生奇迹。

# 获得"神来之笔"

阅读本书时，希望你感到是在和朋友一起说话，问你问题，基于需要，大部分问题都是是非题。需要你回答问题时，希望你先想清楚。不要在乎看完这本书要多久，要关心能从书中获得什么。第一次看这本书的速度一定很快，但是多读几遍必能得到更多灵感和信息，使你早日享受更丰富的人生。

人们在听完演讲、读完书，或听过录音带之后，常会有豁然开朗之感，可能会想"这让我想起……"，或"我也联想到……"。但是事隔不久，当时一清二楚的念头，却无论如何都想不起来。大多数人都有这个通病，所以请你准备一本"神来之笔"笔记本。标准的速记本和本书大小相当，便于携带，颇为实用。

阅读本书时，把"神来之笔"笔记本放在旁边，因为本书必定会让你产生许多想法及意见。此时最好把书放到一旁，打开"神来之笔"笔记本，把你的想法及意见全部记下，这样可以使你成为积极参与的读者，更深入体会，更加专心。有一位诗人说得好："听过就忘了，看过又听过就会记住；但是，如果看过、听过又实际做过，就会真正了解并且成功。"

可能在第二次阅读本书时，你会发现自己比初次阅读时获得更多想法及意见。如果你在每天开始活动之前及晚上就寝前，都能花几分钟看这本书，就更能体会这一点了。

你阅读这本书时，请你准备红、黑两支笔，记下你的想法。初次阅读时，用红笔在"神来之笔"笔记本第一栏写下心得。以后重读本书，就把感想用黑笔写在上半部的第二栏中，从下往上写，就象征着你由生命中警戒的"红色"走向稳重的"黑色"。

同时，也希望你在认为特别有意义的地方划线注记。这些记号和笔记会使这本书成为专属你个人的书，让你永远保存它，随时作为参考。

这一点非常重要，因为任何人都不可能过目不忘，这也意味着你我将合著这本书，使它成为"我们的"书。这本书会相当成功，你说是吗？

# 文字的神奇力量

人们经常会因为过于重视实用性，变得没有效率。《达拉斯晨报》的编辑曾指出，"比尔"不适合做"威廉"的小名，"查理"也不适合代替"查尔斯"。有一位体育记者把他的话奉为神灵，在南卫公会大学的杜克·华克全盛时期，这位记者报导道：杜克·华克在第三季球赛中，竟然让比赛以"查尔斯马"结束，各位想必都同意，这个比喻会因为以"查尔斯"代替"查理"而失去某些意义。

最可笑的一个例子，是一位作者用电脑对林肯《葛底斯堡演说》所做的郑重其事的分析。事实上，这篇讲稿只有362个单词，而且其中302个都是单音节。全文简单明了，但却铿锵有力、深入人心。

然而，电脑却对这篇千古名文严加批评，例如原文以气势取盛的"Four score and seven years"（四个二十年又七年）被斥为"咬文嚼字、冗长累赘，不如'八十七年'来得直截了当"。其实只要对英文稍有了解的人都知道，后者绝没有前者那么打动人心。

林肯说："我们正在进行伟大的内战。"电脑却认为"伟大"一词并不恰当。因为这一场战争使得646392人受伤，包括364511人丧生。又认为"美国人无法忘怀葛底斯堡之役"这句话有点消极。

相信大家都同意，流利的文字、戏剧化的表现手法，再充分结合感情、逻辑及一般常识，远比机械式的言辞动人心弦。动动脑筋多想一想，充分掌握、发挥文字的力量，你也能对人类造成很大的影响。

# 怎么定义美梦成真

成功包含健康、财富与快乐，而诚实、美德、信心、正直、爱与忠心，则是成功必备的要素。当你在人生旅途中时，只要和其中任何一项原则妥协，你就会发现自己到头来一无所有。如果你使用欺瞒诈骗的手段，也许会得到财富，但真正的朋友却越来越少，心情也难以平静，绝对称不上成功。有人说："唯有步步踏实，才能登上高峰。"即使你挣得万贯家财，却因此失去了健康，就算不上成功；为了升官而忽略了家庭，也不能称为成功。这些生不带来、死不带走的世俗之物将来要留给谁呢？

金克拉曾研究过许多成功的人，相信这些要素是他们最重要的武器。面对危机时，如果我们拥有良好的信誉，我们所往来的对象，以及维系我们健康、财富与快乐的人，便会乐于支持我们，和我们合作。能力固然重要，但信用是关键。

然而，在现实生活中却有相当一部分人，他们头脑聪明、口才好、满腹才华，却往往一心只想赚钱，只想钻法律的漏洞。他们老是在找寻"好生意""好赚的钱"，却不会有太大成就，因为他们没有可靠的基础。

还有一种人，虽然建立了正确的基础，却只能建地下室或鸡舍。他们多半不能发挥天赋，求得更丰富的生活。另外一些人根本不了解，成功机会在于个人，而不在于什么工作，唯有打好基础，才能一步一步地攀上高峰。他们不明白成功与快乐并非偶然，而是在选择之后努力经营出来的。

现在请把你希望一生中得到的东西——列出，以后也可以再加以补充。刚开始，你或许想有更多好朋友、个人更成长、身体更健康、更富有、更快乐、更安全，有更多闲暇时间、升迁机会更多、心灵更平静、得到更多真爱、更能干、对人类更有贡献。

也许你还有其他想要的东西，但是只要拥有以上这些东西，人生一定会更丰富、更有意义，目前，你可能尚未拥有你渴望的一切，希望未来能达到目标。值得庆幸的是，这些东西都不是空想，只要肯努力，你会比梦想中更早得到这一切。虽说强调这些是可以达到的目标，但是正如成为举重选手之前必须先锻炼肌肉一样，你也必须先具备或培养某些特性，才能得到那些你想得到或应该得到的东西。

## "爬树"秘诀的启迪

相信你一定可以得到前面所说的"好东西"，但下面六个步骤是绝对必要的。棒球选手如果不一一踩垒，就会被判出局；你如果不一一实现这些步骤，也同样会"出局"。

狄克·贾德纳是一位杰出的销售专家，他曾举例强调这六个步骤的重要性：刚认识一个"好女孩"就想吻她的男孩，绝对不会被这个女孩列入认真考虑的对象；刚学会算数的学生就想马上学几何，无异于自找麻烦；刚刚自我介绍完就想签订单的推销员，绝对做不成生意。上面的追求者、学生和推销员，都是因为想要一步登天而失败。如果他们能按部就班地来，成功的概率就会很大。

有些人的确动作比其他人迅速，但是只要你一步一步来，必定可以得到你真正想要的东西。踏上成功这座阶梯之前，第一步，要完善健全的自我形象。第二步，要确认他人价值、能力，以及分工合作的必要及效率。第三步，要确立目标。盖房子必须有计划，建构人生更少不了计划或目标。第四和第五步，是要有"正确"的精神态度、乐于工作。你将从本书中学会真正"享受"代价，而非"付出"代价。这么说，是因为成功代价远比失败低得多。只要把生命中的成败做比较，就清楚了。但请你不要误会，工作是绝对必要的，至于引以为苦或乐此不疲，就在于各人的想法了。

第六步是要有出人头地的雄心。你必须有许许多多"心愿"，并且生活在自由制度下，才能掌握自己的命运。

你已经具备了成功所需的一切特点：你有几分信心、正直、诚实、爱和忠诚；你喜欢自己和朋友；你有目标，有正确的态度，认真工作，而且还有一点愿望。你真正需要的，只是善于利用现有的一切，让所有特点尽情发挥。你运用得越多，可以开发的资源就越多。是的，成功只需要全心全意地投入——这个条件也是你已经拥有的。

下面两个故事充分说明了这个道理。

有一对年轻夫妇在乡间迷了路，看到一个老农，就停车上前请教："先生，请问这条路可以到什么地方？"老农毫不迟疑地回答："孩子，只要方向正确，这条路可以带你到世上任何你想去的地方。"

一位年轻的主管把未处理完的公事带回家处理，他那五岁的儿子每隔几分钟就会打断他的思路。几次过后，这位主管看到晚报上有一幅地图，就把地图撕成很多块，叫儿子重新拼好。他认为这下可以清静一会儿，让他做完工作了。谁知不到三分钟，小家伙就跑来告诉他拼好了。这位主管深感意外，问他怎么会这么快。小家伙回答："反面有一个人头，我把纸反过来，把人头拼好，世界就拼好了。"不用说，你把"自己"料理好，你的世界也就没问题了。

试想：虽然你必须一步步走向人生的巅峰，但是却不必在阶梯上筑巢。有人说："爬橡树有两种方法，一种是持续往上爬，一种是坐在树杈上。"本书的目的就是教导你如何"爬树"。

# 成功的信念与态度

玛丽·柯罗丝丽常说："一个有坚定信念的人，胜过一百个只有兴趣的人。"有坚定的信念，才能持之以恒，完成预定的计划。一个有坚定信念的推销员，对自己推销的产品有信心，因此态度、肢体语言、声音、表情等方面就能反映出这种态度，会使顾客感觉产品确有价值，十有八九会购买——不是因为对产品或服务有信心，而是因为相信这位推销员。

人的感情是会感染的，如果说勇气经常会感染他人，坚定的信念也同样具有传染性。对自己所传授的知识有坚定信心的老师，必定能够让学生具有同样的信心。玛·凯·艾许曾说过："很多人都因为别人对他们的深切期望，而达到出乎自己意料的成就。"简单地说，就是因为别人对自己的信念，使自己产生信心，有了更高的成就。

是的，信心是由于相信及知道自己所宣传、从事或推广的东西绝对正确而产生的。这些信念感染了你周围的人，那些人和社会都会因此获益。

一个有坚定信念的人，必定会把这些信念传递给他人。一个有坚定信念的伟大领袖，必定能以他的坚定信念吸引许多信服他的人。同时，有坚定信念的人一定会乐于工作，并且远比那些缺乏信念的人更成功。

请相信这个理念，培养你的信念，全身心地投入。坚定的信念远比广博的知识更具有说服力。约翰·麦斯威尔说："千万不要低估态度的力量，因为它足以反映真实的自我。它源于体内，展现于外。它是我们最好的朋友，也是最可怕的敌人。它比语言更坦白、更真实，它是决定我们吸引人或引人憎恶的关键。唯有表现于外，它才会感到满足。它是我们过去的记录者、现在的代言人，也是未来的预言家。"

许多人都说"态度"比"事实"更重要。根据研究，能不能找到工作，能不能找到好工作，与态度有85%的关系。

态度是学习的关键，它影响着人们的人际关系，以及事业的晋升。具有正确态度的学生，十分乐于主动学习，而不是只求及格。具有正确态度的工人，会尽力把工作做好，而不只是应付。具有正确态度的丈夫或妻子，遇到困难的处境，能够以更有效的方式处理，使夫妻关系更稳固。具有正确态度的医生，能够更善于帮助患者克服疾病。

面对两个条件相同的运动选手，教练必然会选择态度好的那个上场。雇主选择员工，任何人选择配偶，也都是同样的道理。

# 聪明人与垃圾思想

许多年前，在俄克拉荷马市的一块土地上，发现了石油矿。这块土地原属于一位老印第安人，他一生贫穷，这下突然发了财。他首先卖了一辆大型卡迪拉克旅行车，当时，旅行车后面有两个备胎，但是老人希望拥有当地最长的车，于是又加了四个备胎。他买了一顶林肯式的高顶大礼帽，加上蝴蝶结和垂带，叼着大雪茄，每天都开车到附近热闹非凡的小镇兜风，去看看别人，也让别人看看他。他是个实在人，所以每次开车进城都要四处寒暄，甚至还要把车子掉头和熟人打招呼。他从未撞伤过任何人或碰坏过任何东西。原因很简单，这部漂亮的大车前面，有两匹马拉着。

当地的汽车师傅说，这部车的引擎毫无问题，可是老印第安人一直不会插车钥匙、发动引擎。车子"里"有一百马力，随时可以冲刺，但是老印第安人却只用车外的"两"马力。许多人也犯了和老印第安人一样的毛病，本身明明拥有一百马力，却要向外寻找那两马力。根据心理学家的说法，我们所具有的能力和真正运用的能力也正是这个比例——2%~5%。

奥立佛·温德尔·何尔摩斯曾说："浪费天然资源虽然可悲，但不是美国最大的悲剧。最大的悲剧是人力资源的浪费。"他认为一般人到死都没有发挥出最好的实力。有很长一段时间，总以为人生最大的悲剧是临死之前才发现自己的土地上有油井或金矿。现在才明白，不能发掘本身内在的潜能，才是世上最可悲的事。

西佛休曾说："一角钱和二十元金币浸在海水里腐烂，价值是一样的。"只有把它们从海里捞起来使用，才看得出它们的差异。人也一样，只有努力探索内在的天赋，发挥巨大的潜能，你的价值才能真正体现。

本书的目的，就是帮助你发现、运用内在的"金矿"或"油井"。你的"天然资源"与地球上的天然资源不同，只有根本不去使用才会"用尽"。希望你能多多发掘天赋，为你自己及他人造福。不要怀疑，你绝对有足够的天赋，只要善于运用，你就会成功。

有一次，曾听一位哲学家说："每个人的现况是自己的心愿造成的。"

金克拉深信这句话，也一再说给别人听。有一天深夜，他从亚拉巴马州的伯明翰开车到密西西比的莫瑞丁，因为道路正在整修，他就到加油站问路。服务人员把最好走的路告诉了他，还画了图。他打包票说，只要照着图走，他一定可以提早到达莫瑞丁。他照着服务员的指示上路，但是一小时后却比原先离莫瑞丁远了四十五公里。显然，他越走越远并非是他的心愿，而是别人指错了路。

同样的道理也可以在你身上印证。如果你现在身无分文、意气消沉，无法与家人或同事融洽相处，这绝对不是你真正要的。很可能有人在指引你的时候弄错了方向，让你饱受垃圾思想之害。

南部某大城市新建了一座宏伟的购物中心，原先是垃圾场。这一百年里，人人都认定这地方只能当垃圾场。但是二十五年前，有些眼光远大的市民认为这地方可以发展成一家购物中心。他们立即停止在此倒垃圾，并且在垃圾场上填覆干净好土，建立起稳固的地基，然后在上面建造了宏伟的购物中心。但这座购物中心的确是盖在垃圾场上面，不是吗？

讲这个故事的目的，是因为过去别人一直把"垃圾"倒进你脑子里，但是你必须了解，过去别人所倒给你的垃圾并不要紧。即使别人有意无意间给你任何不好的影响，也没有关系，你绝对可以克服。因此，有必要向你道一声"生日快乐"，因为今天是你新生的第一天。好了，能把这本书看到这里，表示你正在为伟大的未来建立基础。

也许"垃圾"已经倒在你脑子里很久了。众所周知，长期营养不良的人，不可能只吃一顿大餐就恢复健康。因此，我们目前所能做的，就是用积极思想及正确态度，还有微薄的力量遮盖住那些"垃圾"。偶尔，那些"垃圾"会突围而出，你又会受到"垃圾思想"的困扰。但你一定要继续看这本书，因为你每看完一章，就会把那些垃圾清除去一些，最后总会把所有的"陈年"垃圾清除干净。

我们生活中，每天都可能有人把垃圾倒进我们脑子里。认识与不认识的人，都可能把一大堆垃圾倒进来，我们应该如何对付呢？继续看下去，答案会出现在以后的章节里。

有一种新的心理学学派，它不去计较陈年旧账，而是讨论未来。它的重点不在挖掘问题，而在谋求解决之道，成果相当可观。威廉·葛雷瑟的大作《没有失败的学校》就是以这种理论为基础的。

葛雷瑟博士说他面对一群过去始终遭遇挫折、失败、沮丧的年轻人，给予他们未来的希望，而不强调过去的问题及人格。用这种积极的方式引导，再给予学生大量的鼓励，成果会很惊人。

信徒保罗早在二千年前就在《圣经》中告诉世人，"应该忘记过去的失败，着眼于未来的成功"。这句话是他被囚在罗马监狱内等待死刑时所写的，他同时坚信，他必将在这场生命之战中获胜。人人都也应和他有同感：胜利并不代表一切，重要的是为胜利所付出的努力。

现实生活中成为"垃圾思想"奴隶的人，都会编出一套"失败者的借口"。如果你看过球赛，就知道"失败者的借口"指的是什么了。在看球队比赛时，会时常看到这种现象。攻方球员滑到守方球员背后，伸手接球，然后奔向本垒。守方球员立刻急起直追，离终点二十码时，他知道自己追不上了，看台上的每个人也都知道这一点。这时候，他多半会摔一跤，一跛一跛地走回来。看台上的人就说："难怪他追不上，他的脚受伤了嘛！"这就是他"失败者的借口"，你是否也有同样的情形呢？

要想发挥自己潜在能力，就要抛弃失败者的跛足心态，例如典型的借口："我不是天生的销售员或医生、律师、艺术家、建筑师、工程师……"在此要强调一点，世界各地上有大大小小的报纸，只看过女人生儿育女的消息，却没听说有哪个女人生出推销员、医生、律师、艺术家、工程师等。不过，倒在报上看到这些人去世的消息。这些人并不是"生"为推销员、医生、律师，"死"时却的确具备了这些身份，可见他们从出生到死亡的过程之中，借着"选择"与"训练"达到了自己的愿望。

其实，从未有人听说哪位女士生过"成功者"或"失败者"——只有男孩、女孩之分。偶尔，或许会听到自称是"白手起家"的人，却不见有人自称是"白手失败"的人，后者只会说："我不成功都是我父母的错。"或"我太太（丈夫）根本不了解我"。有人怪罪老师、牧师或老板；也有人把过错推给肤色、宗教信仰、缺乏教育或肢体残障；还有人怪自己太胖、太瘦、太高、太矮，甚至怪自己投错了胎。

难以相信的是，居然有人怪自己生错了月份或星座。失败者的借口只是"垃圾"，不论"命运"如何，都可以在上面建立稳固的基础。

也有一些人甚至把不成理由的事拿来当借口，也有人把自己所有问题、失败都归咎于所有人。请注意，在用食指指责他人时，有另外三根指头却正指着自己。每个人的成功、快乐都源于自己。越能体会本书的信息，就会越快乐，因为你了解未来掌握在自己手中。也许，有生以来你会初次体会自己有无限的潜力。

人生最可悲的事，莫过于说："要是我能像他那么会说话（跑步、跳高、唱歌、跳舞、思考或专心思考）就好了……"言外之意是说："要是我有某人的能力，还会不成功吗？"事实上，如果你无法善用本身的能力，即使具有别人的能力，仍会一事无成，这句话只是自欺欺人罢了。也有可能会成为处处可见的"希望的俘虏"——希望有朝一日无意中在街上拾到一袋财富。这些人就是"希望的俘虏"。那些始终梦想拥有别人能力的人，也同样是"希望的俘虏"。

其实，你早已具备了成功素质，有许多成功例子一再证明，只有善用自己能力，才会得到更多资源。反之，如果不去用它，迟早都会失去的。

那些操守有问题却能畅游世界，过着充满娱乐嬉戏"好"日子的人，绝对不是"美好"的人。真正"美好"的人来自各个阶层，而且经常身受恶疾之苦——从小儿麻痹到全盲，但是他们不愿以"失败者"为借口，反而变得非常成功、快乐，能够自我改造。这些人来自不同的种族、教派，有着不同的肤色，教育程度由三年级到博士不等，许多由于残障，甚至无视于重大残障而成功的例子。他们的故事才是最美的故事。这些人深信每个人都具有慧根，应该成就事业、追求成功。有了这种信念，就不会为任何问题责怪他人，反而会发现随时都有人相助。

不成功的人屡见不鲜，但却很少看到无法成功的人。希望每个人从现在起能认识到自己未来全都掌握在一双强而有力的手中，就是自己的手！

下面这一则寓言可以更进一步说明此种观点。

从前在威尼斯的一座高山的山顶上，住着一位年老的智者，据说他能回答任何人的问题。有两个男孩以为可以愚弄他，就抓了一只小鸟去找他。一个男孩把小鸟抓在手心，问老人小鸟是死是活，老人毫不迟疑地说："孩子，如果我说鸟是活的，你就会马上捏死。如果我说是死的，你就会放手让它飞走。你看，孩子，你的手掌握着生杀大权。"

每个人都应该牢记这句话。每个人的手里都握着关系自己成败的大权。你的双手非常能干，当然只有应用得当，才能得到你想要的收获。

# 培养良性的企图心

事实证明，在同情、智慧以及正直前提下，企图心是一股积极向上的力量，它足以拨动勤勉的齿轮，为人们带来生机。反之，如果人的动力纯粹是贪婪，企图心就会成为毁灭力量，就会对所有人造成祸害。

亨利·范戴克说："扬名天下并不是最伟大的志向，愿意俯身提携人类到另一个层次，才是更可敬的企图心。"乔治·马太·亚当斯说："有能力拉别人一把的人，才是爬得最高的人。"约翰·路巴克也说："有心让别人变得更快乐、更美好，即使只是举手之劳，也是值得称道的企图。能够激起他人的灵感，才是最崇高的希望。"

金克拉小时候曾在密西西比州时，听他的母亲和杂货店老板谈论某人说："他真是个有企图心的年轻人。"或"她的企图心的确不小。"从他们的口气可以听出，他们非常欣赏那个人的某些特点。后来，他了解到，他们所说的"企图心"，是同情、智慧及正直所促成的。当然他也时常听到他们说某人："他是个好人，就是没什么企图心。"

在金克拉看来，有能力却未能发挥的人——包括各位读者在内——是人生的一大悲剧。谚语"学如逆水行舟，不进则退"就是这个道理。总之，只要有企图心，再加上正直的品德、正确的方向，必然会凝聚成一股强劲的积极力量。

金克拉的母亲曾告诫金克拉："树枝往哪个方向弯，树就往哪个方向长。"露丝·赛门——远近闻名的马萨诸塞州史密斯学院校长——就是一个最典型的例子。她的经历可以证明，"美国人的梦想"绝对有可能实现，而且至今仍然深植在美国人心中。

小时候，赛门就告诉同学，有朝一日她会当大学校长。作为得州一个小佃农的第十二个孩子，口气真是不小。但是她可能无论如何都想不到，她会成为美国顶尖大学的校长。她是第一位领导一流大学的非裔美国人，能够荣任大学校长的女性本来就不多，非裔美国人更是屈指可数。

大多数成功人士都有善于引导的父母，赛门女士也受到母亲极大的影响。她非常重视个性及道德，并且强调应该"爱人如己"，赛门女士说："我不是为了得到高分、称赞或奖赏才努力读书，而是因为母亲告诉我们：用功读书是做学生的本分。"

罗斯·甘贝尔博士说，人的个性在五岁的时候就已经形成80%，赛门女士的例子是最好的证明。史密斯学院的教师评审委员会说，他们聘请赛门女士当校长，并非因为她是非裔美国人，而是像评审委员之一的彼得·洛斯所说的："我们希望找出最胜任的人选。赛门女士的坚强意志、优异的学术表现及坚韧不拔的个性，才是她获得这份工作的主要原因。"

如果每个家长也像赛门的父母一样，从小就注重培养孩子的品德，或许府上未来也会出现一位大学校长呢！

金克拉曾以羊为例，说明人与物的比较的议题。羊当然不是世上最聪明的生物，但是有时候想想，人难道就一定是万物之灵吗？

牧羊人要把羊群赶到另一块草地时，如果途中遇到障碍，就会找一头羊来带路。羊会勇往直前，领先跳越障碍，后面的羊也就一只只乖乖地跟着跳过去。有趣的是，即使把障碍除去，后面的羊仍照跳不误，就像障碍物依然挡住去路一样。

就某些方面而言，人也有像羊一样的盲点，例如某次在马来西亚吉隆坡市举行的马拉松越野赛，赛程共长七里。比赛开始两小时后，所有参赛者竟然都不知去向，主办单位十分担心，立即驾车寻找。结果发现他们全都弄错了方向，远在六七里外，有些人甚至已经跑了十里以上，主办人之一的A.J.罗杰斯说，造成这项错误的原因，显然是因为领先的参赛者在第五个交叉路口弄错了方向，其他人也就跟在后面瞎跑。

加州圣迭戈市的约翰·麦斯威尔认为，每个人一生之中，都会直接、间接地影响一万个人。处于领导地位的人，影响力就更不止这些了。因此，肩负领导责任者，一定要确实掌握正确的方向、做出适当的决定，并且选择良好的途径。

记住，你决定任何一件事，都会直接或间接地影响到其他人。聪明的人的正确决定，会对许许多多人产生正面效应，所以每个人都应三思而行。

# 开启成功的钥匙

金克拉在其著作中列举了许多故事，因为他相信生命本身就是一个连续不断的故事。他也尽一切努力吸引你的注意，使你全神贯注。

理由很简单，你每分钟能阅读200～400字，但是你的头脑每分钟却能运作800～1800字。通常，我们都会用许多不相干的思想来填补其中的空白。另外，你阅读、学习的速度也经常改变，常常会心不在焉，甚至看了好几页书都不知所云。

例如，你看这本书时，不知道中途放下书多少次去做别的事：照顾孩子、上班、购买东西、看足球赛或者上洗手间。不信的话，随便翻到你看过的任何一页，仔仔细细地再看一次，都可能发现第一次没有注意到的文字、思想或观念。这并不是说你头脑不如人，事实上越聪明人越容易发生这种现象。而且，越聪明、越有野心的人，将来会越努力改善这种情形。

你如果知道自己会在看书途中分心做别的事，就更应该采纳这意见，用笔画上重点。如果你也把这些感想和心得记在"神来之笔"笔记本中，就真的成为"积极"的读者，而不是"消极"的读者了。日后复习时，既方便又容易抓住重点。美国某著名大学从研究中发现，人们所接触的新资讯，两星期之后，只留下2%的记忆。但是如果连续接触同样的资讯六天，就可以记住62%。更重要的是，接触同一资讯的次数越多，就越可能付诸行动。事实上，行动正是学习的表现。"有信心却不能表现，等于没有信心"，学习了却不付诸行动，等于没有学习。

金克拉曾说过："我提出一项看法时，很多人都会点头表示早已知道或听过。这时，我很想停下来，问问他们有没有实际去做，因为光是知道理论，却不能付诸行动，还不如不学。不肯看书的人和不会看书的人并没有差别。了解成功的原则却不加以运用，和不懂这些原则的人也没有区别。看到这里，你应该会'想要'采取行动了吧？"

如果有人回答"对"，金克拉就说："恭喜！恭喜！你成功了！"因为成功并非目的，而是一种过程，是前进的方向。你不但已经上路了，而且方向正确。你和大多数人不同，所以他满心欢喜地恭喜你。

金克拉认为，大多数人必须等一切就绪之后才采取行动，他们不愿意努力克服困难，因为他们不了解，只有克服困难才会有收获。他们不愿意对自己下注，对他们而言，生命的球赛早已经结束，他们早已输了。他们的墓志铭上会写着："生于1942年，死于1974年，葬于1997年（或他们心跳停止的年份）。"这些人就像厨师的饼干一样。

金克拉小时候，住在密西西比州亚如市，隔壁人家相当富有。他知道他们很有钱，因为他们不但有厨师，而且厨师还可以另外弄点心吃。20世纪30年代，这就表示相当富有了。

有一天，他在厨子那儿吃午餐，他总会千方百计设法过去吃顿饭。事实上，他们家其实有很多东西可吃，但是他每次要再添第二盘时，家人都会说："不行，你已经吃很多了。"厨师捧出一盘扁得像钱币一样的饼干，金克拉问："莫德，这些饼干怎么搞的？"她笑着说："本来要发起来的，可惜始终发不起来。"

你认识像这样功亏一篑的人吗？你认识"等小孩放学（或上学）再做某件事"的人吗？他们也许会等"天冷（或天气暖和）了"再做某件事，也许会"等圣诞节到了（或圣诞节过去）""等约翰修好车（漆好房子、剪好草地）"……再采取行动。总之，这些老是借口等"外在"事物改变之后，才会采取"内在"行动的人，永远都一事无成。

你认识一些三心二意想要减肥、回学校念书、选修演讲课程、美化草地、积极参与社区或教会活动的人吗？不幸的是，这些要等万事俱备再采取行动的人，根本永远不会付诸行动。要等所有绿灯都亮了才起步的人，永远也出不了家门，就像发不起来的饼干一样。

许许多多的案例证明"必须利用别人、欺骗别人才能成功"的观念是错误的。事实上，要证明成功之道没有别的途径，只有完完全全地诚实——对自己、对朋友都一样。

金克拉认为，只要尽力帮助别人得到他们想要的东西，就能够如愿得到一切你所想要的东西。无论你是推销员、医生、父亲、母亲、商人、学生、牧师、技工或政府官员，这都是不变的真理。

无论你已经有所决定或是迟疑不决，甚至事业或生活都已经快速起飞，希望你能系紧安全带，准备登上人生的巅峰，这是一趟惊险刺激的旅程，比约翰·韦恩的西部片更刺激，比莎士比亚的戏剧更震撼，比马戏团更逗趣，路上充满爱与欢笑，能使你得到比所罗门王宝藏更丰富的收获。总之，这本书就是你开创未来的手册。

当然，你可以得到自己想要的东西，而不必盼望早已拥有的东西。只要有信心，就能成功，但是首先一定要有信心。继续往下看，必定会越来越有信心，越来越接近成功。

# 第二章　成功的自我形象

　　无论你从事何种职业，都不能不展示你自己的形象。认为自己是有价值的人，就会成为有价值的人；认为自己一无是处，就会一事无成。朋友们，行动起来吧！树立良好的形象，让世界因为有你而更加美丽。

# 让世界因你而美丽

　　根据最新研究，一个人的长相会直接影响到他的收入。研究人员把几千名就业者的资料加以分析，首先依外貌分门别类，再把同一部门中工作性质相近者的薪资加以比较。结果发现，相貌平庸的人薪水低于中等者，中等者的薪水又不如仪表出众的人。

　　外表所涵盖的范围相当广泛：衣着款式是否合宜、是否整洁，鞋子是否光亮，衬衫是否笔挺，发型如何，化妆是否得体……种种与个人整洁有关的事。但是，影响力最深的却是脸上的笑容，以及待人处事的态度、幽默感等。想要进入上流社会，一定要有充分的幽默感及乐观的态度。

　　要想步步高升，必须有人提拔。面对两个条件相当的人，即使他们的本事略有高下，领导阶层也多半提携给人好感的那一个，问题是，我们会喜欢哪一个呢？面带笑容、积极乐观、平易近人的人，一定比呆板无趣、消极保守的人受欢迎。积极乐观的人必然会有更高的工作效率，也必然比消极保守的人容易得到他人的合作，不用说，雇主当然喜欢任用"胜任"、工作效率高、平易近人的人。

　　因此，我们应该随时保持愉快的笑容、和蔼可亲的态度，以及适度的幽默感。果真如此，保证你会在事业及生活方面跻身上流社会。

讲几则故事给你听吧。

罗杰·柯拉福直到十六岁才会系鞋带，但是他在运动方面却非常杰出，是一位网球明星球员。高中时代，他就是常胜将军，几乎十打九赢。大学时代也同样成绩辉煌，后来成为职业选手。

任何人都可以一眼看出，罗杰是位残障人士。但是正如罗杰所说的，大多数人也同样有某种障碍，只是不像他那么显眼罢了。

罗杰生下来就少了一条小腿，也不像一般人有健全的十指——他只有两截残缺的指头，但是他却利用这两节指头，做了许多了不起的事。罗杰从来不抱怨自己缺少什么，只是把自己所拥有的发挥到极致。他虽然身患残疾，却破天荒地参加了全美大学运动协会所办的比赛。

罗杰并未假装日子过得轻松愉快，事实上，对大多数人而言，人生也并不轻松愉快。当时，罗杰是全美最受欢迎的演说者之一，他的作品极为畅销，家庭生活也幸福美满，他演说的对象几乎遍及世界各地，从排名500强的大公司，到一般贸易公司、学术机构，无所不包。

给你一个良心的建议，学学罗杰做人处世的态度吧。

每个人一生中的言行——无论好与坏——都会影响到无数人。换言之，每个人都会使这个世界有所不同。

不论如何，艾美·怀汀顿女士确实直接、间接地影响了千千万万的人。八十三岁高龄的她，仍然在密歇根州的一个小镇上教书。她听说芝加哥的慕迪圣经学院开办了研习营，探讨如何做更有效率的工作。她省吃俭用，好不容易凑足车资，搭了一夜巴士来参加这个研讨会，希望学习更新更好的教学法，让自己的工作更完美。

有位教授对她十分敬佩，特地和她聊天。他问她教导的对象年龄如何、人数有多少，她回答她教的是中学生，一共有十三人。教授又问教会里有多少个孩子。怀汀顿女士说："五十个。"教授对于她居然教导教会中四分之一的孩子十分惊讶，诚挚地说："你的效率这么高，应该请你指导我们教学的方法才对！"他说得一点也没有错！

有必要再补充一点：原本已经下过功夫的人，往往比略知皮毛的人更愿意寻求突破。艾美·怀汀顿小姐究竟有多大影响力呢？多年来在她教导过的学生当中，有八十六位成为牧师，想想看，她直接或间接影响过的人是不是有千千万万呢？她的确使这个世界有所不同。同样地，你也可以让许许多多人的生活因为你而变得更加美好。

# 知道自己是贼吗

1887年，一家小杂货店里，有一位五六十岁的体面绅士正在买菜。他给了店员一张二十美元的钞票，等着找钱。店员接过钞票，正要放进收银机，忽然发现她拿青菜时弄湿的手竟然沾上了钞票的油墨。她大吃一惊，但是经过一番内心挣扎之后，她下了决心。这位艾曼纽·宁格先生是老朋友、老邻居、老顾客了，他绝对不可能付假钞给她，于是她不动声色地找了钱，他就离开了。

那时，二十美元是一笔不小的钱，因此她考虑之后还是报了警。一名警员相信这绝对是真钞，另一名却对油墨会掉落感到百思不解。最后，在好奇心及职责的驱使下，他们申请搜查证去搜查宁格先生家。结果，他们在阁楼上找到制假钞的设备，而且当时正在印制一张二十美元的钞票。另外还发现三张宁格的画，原来他是个杰出的画家，技术好到可以用手绘钞票。他一笔一画、小心翼翼地画出的钞票，不知道骗了多少人，要不是杂货店员的湿手揭穿，他还不知道要逍遥法外多久呢！

宁格被捕后，他那三幅画的拍卖价高达16000美元——每一幅超过5000美元。具有讽刺意义的是，他画一张二十美元钞票的时间，几乎足可创作一幅5000美元的画。然而，无论从任何一方面而言，这个才华横溢的男人都是贼。可悲的是，被他偷走最多东西的人，正是他自己。如果他正正当当地发挥才能，不但可以致富，还可以给亲友带来许多快乐。有许许多多像他这样的人，想从别人身上偷东西，结果反而偷走自己最可贵的东西。

金克拉要说的第二个贼名叫亚瑟·贝利，他是个很特别的贼，活跃在二十年代，据称是空前绝后的珠宝大盗。他不只是成功的珠宝大盗，也是艺术鉴赏家。他目空一切，不屑随随便便偷任何人家。他下手的"目标"不但要有相当的珠宝、财富，而且必须是社会上的上流人士。这么一来，被这个"雅贼"光顾反而成了社会地位的象征。

一天晚上，贝利行窃被逮，当场中了三枪。他痛苦地宣布："我从此洗手不干了。"奇妙的是，他竟然逃脱了，逍遥法外三年。后来因为有一个女人告密，才被判处十八年有期徒刑。出狱之后，他言而有信，未再行窃，在新英格兰的小镇上过着平民的生活。地方人士非常尊敬他，并且推选他担任当地退伍军人组织的负责人。

后来消息传开了，说珠宝大盗亚瑟·贝利住在这个小镇上。全国各地的媒体记者都来采访他，向他提出许许多多的问题。有一名记者问："贝利先生，你当年偷过许多有钱人的东西。请问你从哪一位身上偷走最多东西？"贝利脱口而出："很简单，被我偷走最多东西的就是亚瑟·贝利。我原本可以做成功的生意人，做华尔街的大亨，对社会有所贡献，但是我却宁愿做贼，把三分之二的成年生涯都耗费在铁窗中。"

要谈的第三个贼，显然就是"你"。为什么说你是贼呢？因为一个不能相信自己、不能完全运用自己能力的人，不但窃取了自己、自己所爱的人及可贵的资产，同时因为降低了生产力，也无异于窃取了社会成本。没有人会明知故犯偷自己的东西，因此那些"贼"显然很不聪明。然而，无论存心与否，结果都同样严重，因此所犯的罪也同样大。

你是否打算从此不再从自己身上偷东西呢？相信你已经开始攀登人生的高峰了。本书可以提供动力、灵感及知识，带你一路前进。但是要郑重声明，只读这本书，并不足以获得足够的相关知识。身体需要每天补充营养，头脑也必须经常供给养分。

金克拉认为，健康的自我形象是达到目标的第一步，也是最重要的一步。没有起步，就不可能到达目的地。

电话铃声响了，对方开口就说："朋友，别担心，我不是要向你借钱，也没有事求你帮忙，只是想告诉你一声，你是世界上最好的人之一。你对自己的行业和社会都有贡献，我喜欢与你为伍。每次和你相处，我就觉得精神愉快，希望把工作做得更好。希望每天都能见到你，因为你激发了我的灵感。我想说的就是这些，朋友，希望早点见到你。"如果这通电话是好朋友打来的，对你的生活会有什么影响？记住，这些话出自好朋友之口，必定是肺腑之言了。

如果你是医生，会不会做个更好的医生？如果你是老师，会不会做个更好的老师？如果你是推销员，会不会做个更好的推销员呢？……不论你从事哪个行业，你都知道自己不但会表现得更好，也会生活得更快乐，不是吗？

为什么回答对呢？原因很简单，你的自我形象改变了，同时，你信心十足，能力也相对增加。简单地说，只要自我形象改变，外在的表现也会随之改变。

既然简简单单的一通电话，会对你产生如此大的影响，你是否也愿意为别人做同样的事呢？为什么不立即把书放下，打电话给你真心敬爱的人，把你对他的敬意真诚地表露出来呢？对方一定相当感激，你也会很愉快。由于帮助别人建立自信，你会更有成就感。

　　从下面这个活生生的故事中，可以清楚地看出健康的自我形象是极其重要的。一旦自我形象改变，就会产生极大的影响。

　　维克·沙立布莱可夫十五岁时，老师告诉他，他绝对无法毕业，不如弃学从商。维克接受了老师的建议，接下来的十七年中，零零星星地做过各种工作。别人说他是白痴，他果然也表现得如此。但是在他三十二岁时，却发生了一项奇妙的改变：根据一项智力测验，他竟然是智商高达161的天才。从此以后，他果然表现出天才本色，写了好几本书，申请了好几项专利，并且成为顶尖的商人。最有意义的一件事，就是当选为"国际曼沙协会"的会长，入社的唯一条件是智商超过140。

　　这个故事不禁使人联想到，不知道有多少天才因为别人错误的评价，而表现得像白痴。维克并非突然获得大量知识，而是一夕之间信心大增，工作效率也因而突飞猛进。由于自我形象不同，表现行为也大不相同。期望不同，结果也截然不同。


# 爱自己就等于爱别人


　　米瑞德·纽曼及柏纳德·伯克韦兹医生合著的《做自己最好的朋友》（*How to Be Your Own Best Friend*）一书，提出了一个值得深思的问题："如果不能爱自己，又哪来爱别人的心呢？"

　　自我形象重要吗？桃乐赛·琼吉华及莫瑞·詹姆斯在他们的大作《天

生赢家》（*Born to Win*）中指出，每个人都是天生的赢家，但是由于受到社会上消极因素的影响，造成许多人失败。他们也再三强调，只有健康的自我形象，才是成功的关键。

任何人都不可能长期表现出与自我形象不相符的行为。自我形象可以带领你到达人生的巅峰，也可以让你坠入阴暗的谷底。觉得自己是有价值的人，就会成为有价值的人；觉得自己一无是处，就会一事无成。

无论你过去如何看待自己，现在都有了改变的动机、方法与能力，可以使自己变得更美好。金克拉认为，造物主给我们的所有礼物中，能够选择自己的人生方向，应该是最大的恩赐了。

研究自我形象时应该记住：头脑会接收我们输入的影像。例如，走过地面上一块十二寸宽的木板，绝对不成问题。但是如果把同一块板子放在两栋十层高的大楼之间，"从木板上走过去"就完全不是那么回事了。为什么呢？因为你从心里"看到"自己安然走过地上的木板，却"看到"自己从两栋高楼之间的板子摔落到地面上。因为头脑会接收我们所输入的影像，所以你的恐惧并非无的放矢。

常见到打高尔夫球的人把球打进洞中或界外之后，退后一步说："我就知道会这样。"那是因为心里先有了影像，再由身体去完成。换个说法，成功的高尔夫球手知道自己必须先"看见"球进洞，才能挥杆成功。

同样道理，棒球赛中的打击手总是先"看到"全垒打才挥棒打击；成功的推销员先"看到"顾客购买产品，才打电话促销。米开朗琪罗在大理石中一清二楚地"看到"摩西的形象，才在石上刻下第一刀。

棒球赛中最令人不解，也最令人失望的事，就是打击者一次都没有挥棒，就被三振出局了。三次大好的机会原本可以让垒上的人前进、自己上垒，甚至还可以打一个全垒打。然而，他却根本没让棒子离开肩膀。理由很简单，他"看见"自己被三振出局、被接杀，甚至被双杀，所以干脆不挥棒，希望能被保送一垒。

更令人失望的是，在生命的球赛中，有些人明明踩上垒包，却没有真正挥棒打击。赖瑞·金西博士认为，这种人是最大的输家，因为他根本未曾尝试。只要肯去尝试，即使失败了，也会从失败中学到一些教训，使损失大为减少。如果不去尝试，就不可能学到任何东西，这种人就是自己的法官，判定自己必须庸碌一生。他们从未真正参与生命的游戏，实实在在地投球。他们是自己最可怕的敌人，最盲目的裁判。他们的自我形象是跌倒、失败、出局，然后头脑会接收画面。

已故的著名国际整容医师，也是《天助自助》（Selfhelp）一书（销售量超过1000册）的作者麦斯威尔·莫兹博士曾说，自我形象极其重要，因此所有心理治疗都以改变自我形象为目标。

成功与快乐是建立健康自我形象的起点。著名作家、心理学家、专栏作者乔意斯·布洛哲博士说："自我概念是人格的中心。它影响着个人行为的所有层面：学习能力、成长及改变的能力，对于朋友、伴侣及事业的选择。若说具有积极强烈的自我形象是成功的基石丝毫不为过。"

能够接纳自己，才能真正喜欢别人，并相信自己能够成功、快乐。也唯有接纳自己才能产生动机、设定目标、具有积极的思想。相信自己"应该得到"成功、快乐，这些东西才会属于你。自我形象恶劣的人，往往只看到积极思想、设定目标对别人的宏大效力，却看不出对自己的作用。

强调一点，金克拉这里所说的是健康的自我接纳，而不是过度膨胀的自大观念。人类已知的疾病中，最奇怪的就是"自负"，它让所有人都感到厌恶，当事人本身却浑然不觉。事实上，有严重自恋情绪的人，往往自我形象十分恶劣。

许多人都不了解，即使未曾受过教育的人，也有极大的潜力。再举一个例子吧。

几年前，金克拉曾让一个年轻人搭便车。搭车者刚上车，金克拉就觉得自己犯了大错，因为他已经有酒意、话又多。一会儿，他透露自己因为走私坐了十八个月牢，刚刚出狱。金克拉问他在狱中是否学到有用的技能，他兴致勃勃地回答，他记住了美国每一州的所有地名。

显然，金克拉并不相信，所以就以他居住将近十八年的南卡罗来纳州考年轻人，没想到只受过低等教育的他，果真能说出所有地名。而且表示他对其他州同样了如指掌。他实在不明白他为什么要费心背诵这些毫无意义的东西。不过这件事的重点是，即使没有受过正式教育，也能吸收、记忆大量知识。同样道理，你也绝对可以做到，只希望你把这种能力应用在有用的资讯上。不幸的是，许多受过教育的人一辈子都没有成功，因为他们没有足够的"动机"去发挥想象力，应用自己的知识。

教育与聪明才智是两码事，这一点一定要了解。三位非常聪明、非常成功的人，分别只受过三年级、五年级和八年级的教育。亨利·福特十四岁辍学，IBM创办人汤玛斯·J.华森原本只是周薪六美元的小推销员，后来却成为跨国企业的大老板。本书所提到的许多功业彪炳的大人物，所受的正式教育更少，但是他们都成功了。所以说，没有受过太多正式教育绝非借口，更无须因此产生恶劣的自我形象。教育固然重要，能否完全投入却是成功的关键。

希望你能从本书中体会许多心得，但是本书的目的不是教育你或提供资讯给你，而是帮助你摆脱失败的借口，鼓励你全心全力发挥潜能，让你有成功的借口，抓到成功的诀窍。

许多事情都可以从不同的观点来解释。年薪五万元的人，如果具有赚五倍年薪的能力，就可以说是失败者。反之，只要能发挥高度潜力，即使只赚一万元年薪，也是值得骄傲的。

每个人的天赋、能力不一样，但是没有一个人能发挥本身"所有"的能力——事实上，仅有极少数人能应用自己大部分的能力。本书的目的就是使读者相信，每个人的潜力远比想象中大，应该努力经营并善加利用。

之所以用收入来衡量成败，是因为以金钱来做标准非常便捷。无论你从事哪一行，那些和你具有同样机会的人，有些收入还不如你，有些却远高于你。总之，成长与服务的机会完全在于个人。一般而言，我们可以用收入来衡量一个人对社会的贡献，贡献越多，收入越多。

看完上面的内容，暂且不要暴跳如雷，因为说的是"几乎"。例如牧师，有些收入微薄，有些则相当丰厚。医生、律师、推销员……也有相同情况。观察个别情况，就会发觉赚钱最多的人通常都贡献最大，当然也有例外。

那些自愿在偏远地区任教的老师，就是很好的例子。他们也许就是乡下孩子脱离困苦家境的唯一希望。一心奉献的牧师选择到山区服务，或许是因为深信上帝选派他侍奉这一区。但是一般来说，收入较高的牧师都是因为能服务更多的人。

常言道："只要你尽力帮助许多人得到他们想要的东西，就能得到你想要的一切。"也就是说，付出越多，收入就越多。

偶尔有人问金克拉："你如何在信仰与金钱观之间取得平衡？"他总是笑着说：我相信上帝造出钻石是为了它的子民，而不是为了撒旦的门徒。查一查《圣经·玛拉基书》第三章第十节和《诗篇》第一章第三节中的说法，就一定会同意金钱并非罪恶的看法。所罗门王是世上首富，亚伯拉罕的牛遍布一千山，约伯就更不用说了。上帝给世人唯一的忠告，是不要把金钱或任何物质奉为神明，否则不论我们拥有多少，都绝对不会开心。何以见得呢？过去两年中，有五位亿万富翁去世，但是他们到死前都还在千方百计赚更多的钱。

有人问霍华德·休斯留下多少遗产，所得到的答案是："他全部的财产。"我们每个人离开尘世时，所留下的不也是这么多吗？只要手段正当，只要不让金钱奴役你，多赚些钱并不是坏事。

许多人没有钱，因为他们不了解这个道理，在他们口中的金钱又冷又硬。事实上，金钱不但不冷不硬——反而既暖又软，让人感觉很舒服。

偶尔有人说真心不想赚太多钱，但是一般而言，其他人说这句话多半是言不由衷。

收入高的人会非常赞赏本书的理论。同样地，以服务为宗旨的人也会从本书的观点中得到许多鼓励和安慰。所以无论你目前的状况如何，务必继续阅读此书。

# 否定恶劣的形象

既然自我形象这么重要，为什么还有那么多人自我形象恶劣？自我形象恶劣的原因是由于我们生活在充满否定的社会中，时时刻刻接触到消极的人物。翻开报刊，处处都是消极否定的消息，胖子一坐到餐桌前就说："我吃任何东西都会变胖。"不善理家的主妇，一早起来看到家里凌乱的情形，就说："我永远都没办法把家弄干净。"

公司员工走进办公室，或工人走进工厂，常说："天哪！今天根本做不完这些工作。"学生放学回家说："爸，我今天数学大概不及格。"母亲送孩子上学时，警告道："小心别被车子撞到。"电视上的气象预报员总是告诉我们有20%下雨的概率，或者是阴天，为什么他不说有80%见到阳光的机会，或者大部分时间是晴天呢？问别人近况如何，对方多半会说："马马虎虎。"

以个人而言，如果你觉得上帝对你没有好感，随时会挑你的毛病，你的自我形象必定恶劣，原因非常简单。你的能力、外表及智慧一再受到父母、师长、朋友及其他有权威的人嘲笑、质疑。这些伤害虽然常出于开玩笑或讽刺，但却同样具有杀伤力。有时，一些不经意的数落，也会把伤口加深。

如果你的家人、朋友、同事老爱挑你的毛病，就会扭曲你的自我形象。本篇的目的就是要帮助你找到崭新、真实的自我形象，体会自己的优点，登向人生的巅峰。

还有，不经思考或夸大的言辞，也对小孩子有负面的影响。譬如说小男孩打坏东西，父母通常会骂："没看过像你这么笨的小孩，一天到晚打坏东西。"对孩子而言，这是多么大的负担啊！"打破一个盘子"和"一天到晚打坏东西"，性质真是不可同日而语。

又如，孩子犯了一次错误，父母就会斥责道："还有什么好说的？你每次都这样。"或者，早上出门上学时，衬衫下摆没塞好，妈妈就会小题大做地说："一天到晚邋邋遢遢，连衣服都不会穿。"这种态度的伤害会更大。

同样的道理，老板指责员工时，应该把"工作能力差"和"偶尔做错一件事"分清楚。

形象方面，也有同样的情形："视力差""蛀牙""太高""太矮"、声音很"奇怪"、智商"低"、"学习障碍"……都是造成自我形象恶劣的原因。听了这些话，孩子理所当然地觉得自己又丑又笨，不值得别人爱。如果别人不爱他，他自己当然不能——甚至不应该——爱自己。

由于我们整个社会都注重外表，比尔·哥撒德主办的一周"年轻人的基本冲突"研讨会中，特别呼吁父母千万不要在子女面前称赞其他孩子的长相，以免子女觉得父母偏重外表，认为别的孩子比较漂亮、可爱，而产生自卑感。

　　聪明的父母称赞别的孩子时，会说"真有礼貌"或"真是个诚实的孩子"，或"真会帮父母的忙"。这个方法非常重要，因为在现今的社会风气之下，有95%的美国青少年希望改变容貌。好莱坞的情况更甚，几乎百分之百的"美女"都渴望改变外貌——其中有许多人也的确因此做过整容手术。

　　成年之后如果遇到喜欢挑毛病的配偶，恶劣的自我形象往往会延续下去，使问题变得更加复杂。聪明的丈夫绝对不会在妻子面前称赞别的女人，免得妻子觉得不如别的女人有魅力，使恶劣的自我形象雪上加霜，甚至使婚姻发生危机。如"你每次都迟到"，或"你只会伤害对方的信心与爱心"。另外，像"永远是个失败者"和"我没有得到加薪"或"我没有得到那份工作"之间也有极大的差别。

　　权威人士，甚至一般人面对只受过低等教育的人的优越态度，会使对方的自我形象更加恶劣，秀兰·邓波儿所演的电影中，有一幕戏正好可以做证：

　　五岁的秀兰·邓波儿正在举行生日庆祝会。庆祝会快要结束时，一个十四岁的黑人女孩和几个友伴跑进来，说有礼物要给"秀兰小姐"。这个五岁的白人女孩，含笑友善地接过十四岁黑人女孩的礼物。黑人女孩显然对只能驻足的"殊荣"感到非常荣幸。五岁的白人女孩邀她享用剩下的生日蛋糕时，她更是感动得泪流满面。这种场面屡见不鲜。

　　几十年来，黑人的进步比任何其他种族都更快，黑人的自我形象也大为改进。虽然偏见仍然存在，但已经日渐改善。唯有接受更多教育，明白肤色与能力无关，才能彻底解决这个问题。奥运田径名人洁西·欧文斯对肤色的看法令人欣赏："黑色并不美，白色也不美——它们都只是肤色，凡是无法超越肤色的东西就不美。"

造成恶劣自我形象的另一种原因，是把"某一件事的失败"与"失败的人生"混为一谈。学生考试考不好，就认为自己一辈子都完了。可悲的是，父母及师长往往火上加油。

恶劣的自我形象一旦形成，自卑感也会日益严重。许多人因为无法记住看到的每一件事或遇到的每一个人，就会自责。这就要谈到自我形象恶劣的第四个原因——未经训练的记忆。

有一本神奇的书，可以在几小时之内增强记忆力，其作者是杰瑞·路卡斯和海利·罗林。为了表现人类神奇的脑力，杰瑞目前正在背诵整本《圣经》。他也写了一本书，把他的秘诀公之于世。他信心十足地告诉读者，只要照他的方法去做，记忆力一定可以进步很快。

下面两则信息相信可以使读者安心不少。第一，完美的记忆力并不表示有超人的头脑，只不过相当于一部活字典罢了。第二，记忆力不好没有关系，总比千方百计忘不掉某些事的人好多了。

这两点虽然可以暂时让你安心，但是绝不可沾沾自喜，就此满足。《神奇的记忆力》（*The Memory Book*）绝对是值得一读的好书。记忆力没有"好""坏"之分，只有训练与否的差别。要不要训练自己的记忆力，完全在你自己。

造成自我形象恶劣的第三种原因，是拿自己和别人做比较。这不但没有必要，对自己也不公平。我们往往会夸大别人成功的经验，贬低自己的成就。

实际上，经验与能力完全是两码事。经验可以增加技巧，不过是另一回事。例如，有300万澳大利亚人会做一件事，但是美国人大多数都做不到——在高速公路的左侧驾车。反之，如果你会开车，或许就能做一件300万澳大利亚人都做不到的事——在高速公路的右侧驾车。这并不表示谁比谁聪明，只是因为经验不同。

另外，有5000多万德国人会做一件事，你可能不会——他们会说德国话。这表示他们比你聪明吗？当然不是，只是他们与你的生活经验不同。

到医院看病时，医生用术语描述你的病情，往往让你佩服得五体投地，你一定认为他既聪明又优秀。但是你也不差啊！如果让医生做你的工作，或许不如你做得好。如果你肯从现在开始像医生一样，苦读医学院、实习、开业，十五年后，有可能也是一位令人敬佩的医师。

# 尺有所短，寸有所长

一个关于金克拉自身的故事。

大约三年前，一场暴雨过后，他家后面的巷子变得寸步难行。但是他一定要开车穿过巷子才能到达车库，他困在巷子里，整整挣扎了四十五分钟，想把车子从泥浆里开出去。他想尽了一切办法，都徒劳无功，最后只好打电话找拖车公司。公司派来的人看了现场之后，问他能不能让他开他的车试试看。他一再强调绝对没用，他却很有信心，平静地要求金克拉让他"试试看"。金克拉答应了，不过还是不相信他会成功，并且提醒他别把轮子磨坏了。他坐上驾驶座，轻轻转动方向盘，启动引擎，操纵了几次，不到半分钟，就把车开了出来，金克拉既惊讶又敬佩，他说他在得州东部长大，驾车经过泥浆早就习以为常。金克拉相信这人绝对不比他"聪明"，只是拥有他所缺乏的经验而已。

事实上，我们羡慕许多人的技巧与成就，他们也羡慕我们的技巧与成就。每个人都有自己独特的技巧、才能与经验。经验不同，并不表示你不如别人，或别人比不上你。

为别人会做而你做不到的事自卑，不如想想你会做哪些别人做不到的事。在佩服别人技巧的同时，别忘了只要肯花同样的时间与努力，你也可以使自己的技巧大为改善。你们之间的差别只是经验不同。

自我形象恶劣的第四种原因，是拿自己的短处和别人的长处相比。有一位女士就因为如此，到了三十八岁还在靠救济度日。后来她读了克劳德·M.布里斯托的《自信的神奇力量》（*The Magic of Believing*），开始发掘自己的优点。从那时候开始，虽然无法与出色的美女相提并论，但是这位女士也因为善用自己的长处，拥有高达百万的年薪。

爱莲娜·罗斯福小时候无家可归，生活在恐惧之中。成年之后，她下定决心发挥自己的优点，成为美国非常有魅力、非常具有说服力的女人。吉米·杜兰帝和亨佛莱·鲍嘉都不是英俊小生，但是因为善用自己的资质，而在影坛上获得一席之地。

以上四个人都不认为自己缺乏吸引力，而能发挥本身的天赋或长处。他们没有把自己的"缺点"和别人的"优点"相比，反而能运用自如，得到想要的东西。相信有无数想在演艺圈发展的人都渴望和他们有相同的成就。

《圣经》里有一个关于才干的故事：有一个人要到外国去，就叫了仆人来，按照各人的才干给他们银子。一个给了5000，一个给了2000，一个给了1000。主人回来以后，就问领5000的做了什么事。那人回答说他拿去做买卖，又赚了5000，主人说："好！你这良善又忠心的仆人，你在许多的事上有忠心，我要把许多事让你管理。"那领2000的也照样赚了2000。最后主人问起那个领1000的，他回答道："主人，你只给我1000，却给别人好几千。而且我知道你是专门这样做的，没有种的地方要收割，我就去把你的1000银子埋藏在地里。"

主人怒斥道："你这个又恶又懒的仆人……"在整本《圣经》中，耶稣基督从未对任何人这么严厉，可见他深切期盼我们能善用才能。然后把这1000给了那有10000的仆人。从此以后，世上喜欢怨天尤人者就有了借口："富者愈富，贫者愈贫。"《圣经》上说："富有的还要加给他，叫他有余。"也就是说，善用才干，才干就会越来越多，并且得到的回报就越多。

许多人给自己定了十全十美的标准，根本无法达到，也会产生恶劣的自我形象。这是造成自我形象恶劣的第五种原因。一旦失败——这是必然的事——他们永远无法原谅自己。他们觉得自己如果做不到十全十美——最好——就是最坏的。这种心理会影响到生活的所有层面，造成对工作不满、对养育子女意见不一致、婚姻不美满的潜在因素。如果一个人觉得自己"坏透了"，当然不认为自己"应该得到"好工作、好配偶、好子女，或任何优良、有价值的东西。

如果子女的行为像动物一样粗鲁，家长却视而不见，不加管教，无异使恶劣的自我形象变本加厉。詹姆斯·达伯森博士在《勇于管教》（*Dare to Discipline*）一书中指出，缺乏管教必然会造成恶劣的自我形象。父母亲必须通过爱的教育，向子女表达个人的价值。

既然有这么多因素会导致恶劣的自我形象，难怪许多人都受到这种疾病的感染而寸步难行。幸好，你还能及时设法挽救自己。下一章将特别讨论恶劣自我形象的外在表现，你或许会发现自己具有其中某些现象，以往却未曾体会到。如果你有自我形象方面的问题，一定要自己承认，才能更有效地加以处理。同时更深入地了解与他人共同工作、生活的道理，能够找出问题，信心十足、充满活力地去面对它，解决之道就应运而生了。

# 多多进行亲密接触

自我形象恶劣的人，喜欢批评别人，而且嫉妒。他们厌恶别人的成功，嫉妒别人的朋友，甚至无缘无故地嫉妒自己的配偶或男女朋友。他们不喜欢自己，因此也不相信异性会特别对他青睐。可笑的是，他们硬要说自己"太爱"配偶，掩饰心中的嫉妒。事实上，他们根本无法信任或爱自己的另一半，因为他们也没办法信任自己、爱自己。他们只会用丑陋的假话散布谣言。他们不了解，把自己脚下的土扔出去，不仅一无所成，反而会失去立足之地。他们厌恨别人获奖或得到赞许，也显示他们缺乏安全感。

最能表现恶劣自我形象的，莫过于一个人面对批评及玩笑的态度。只要怀疑别人在嘲笑他们，他们就无法忍受。他们不能开自己的玩笑，而且觉得别人的取笑或批评是故意毁谤他们，要他们难看。因此往往会产生过分激烈的反应。

自我形象恶劣的人，独处或没有事做时，通常会感到浑身不自在，非得时时刻刻都忙着。独处时，即使没兴趣，也要把电视打开、听收音机。有些人连散步、开车或搭飞机都得携带随身听。

自我形象恶劣的人，也常会突然失去动机。他们经常会突然放弃竞争，表现出"我不在乎"的模样，因为他们无法承认自己因为吸引力不够或条件不够好，而无法追到某个杰出的男孩或女孩，于是干脆放弃。这种人通常嗓门大、好批评、傲慢。他们通常衣着邋遢、不注重卫生和外貌、缺乏道德观念，用酒精或药物来麻醉自己，而且言语粗俗。可笑的是，他们经常摆出高姿态，让那些和他们观点不同的人自叹不如。看到这种邋遢、肮脏、粗俗的人，总让人感到不愉快，因为外表就是自我形象明确的表现，相信没有人会喜欢肮脏或衣冠不整的人。

有趣的是，和上述情况相反的人，也经常有恶劣自我形象的表现。这种人极度重视物质：汽车、金钱、流行趋势、服饰、发型、化妆。他们总觉得无法被人接受，于是千方百计地交朋友，希望得到别人接纳，甚至会不顾一切地加入派对。可悲的是，到头来往往只交了些酒肉朋友，得不到真正的友谊。

每个人的行为，都会受到自我形象的主导。有些人即将完成终生梦想的时候，却莫名其妙地做出不可思议的事。例如，有许多运动员为了参加奥运准备多年，却在比赛前夕的练习或初赛中发生"意外"。他们觉得自己不值得获得金牌，因此在潜意识中做出一些事，剥夺了自己可能得奖的机会。

许多拳击选手、足球员或其他运动员，在大赛前夕受伤；立志进入好学校的学生，往往在联考前夕酩酊大醉或整夜作乐；力争上游的职员，却莫名其妙地与妻子或同事大吵一顿，变得情绪恶劣，丧失升迁的机会；假释犯常会犯下没有意义的罪行，因而又重回监狱，因为他内心认定社会不可能接纳他。事实上，这是证明他无法"预见"自己是自由社会的一分子。由于自我形象恶劣，他知道自己"不配"获得自由。既然社会不会处罚他的罪行，他只好自我处罚，让自己"罪有应得"。

自我形象恶劣的人，很少向配偶提出任何挑战，只是日复一日过日子，心中却累积起一股怨气，最后必然导致严重的婚姻问题，甚至身心问题。

相关的例子不胜枚举，总之，许许多多毫无意义及不可思议的举动，都只是恶劣自我形象的表现。这种人看过本书之后，可能会同意某些见解，反对其余的部分，然后继续我行我素，过去有借口，未来也依然如故，而且都自认是理所当然的事。他们很少能完成任何事——看完一本书、油漆完整面墙、布置整个家、学完成长课程或进修课业。他们常说："我很想回大学修学位，可是要花六年工夫，到时候我都三十八岁了。"如果他不回去修学位，六年后不知道会是几岁？还有人说："我实在很想去做礼拜，可是教会里有太多伪君子。"他们似乎不明白，如果伪君子站在他们和上帝之间，反而比他们接近上帝。

幸好你没有这些毛病——也许过去有，但是以后不会再出现了。从开始看这本书的那一刻起，你就已经向改善自我形象迈出了一大步。读到这里仍然没有放弃，表示你的确是有心人。你知道，继续看这本书就像你未来的人生一样，会越来越精彩，越来越有收获。

良好的自我形象＝优秀的推销员/优秀的主管

恶劣的自我形象＝差劲的推销员/差劲的主管

在推销界，恶劣的自我形象有三种最显著的症状：

第一，不肯尽力工作。因为打电话推销之后，对方叫他向别人推销。自我形象恶劣的推销员不喜欢自己，也觉得别人不喜欢他，遭到拒绝后，他就会满怀自怜，找个地方舔自己的伤口，也许就此一整天不再工作。如果遇到比较不严格的主管，他甚至会以种种借口休息好几天。

反之，自我形象健康的推销员，则会有截然不同的反应。即使遭到拒绝，问题出在对方，他仍旧信心十足地继续接洽其他没有问题的顾客。

第二，迟迟不愿结束推销行为，不懂得建议顾客采取行动，购买产品。

要求别人买自己推销的东西，必然有某种程度的难度。万一对方拒绝，自尊心就会受到伤害。为了保护自我，干脆继续拖延，自顾自地往下说，希望对方能自动开口："好，我买了。"

当有的顾客用挑衅的口吻问推销员："你不是要向我推销东西吧？"推销员赶忙否认："没有，没有。"如果每次都要假装不是推销，真不知如何做生意。

自我形象良好的推销员，会诚心诚意地适时结束推销行为，因为他知道，最糟糕的情况也只是对方不买而已，何况成功的机会相当大。事实上，他对成功很有信心，因为他相信自己的努力应该得到回报，对自己的产品也信心十足。由于具有健康的自我形象，他不愿推销次等产品。他觉得自己是为顾客提供服务，于是以恳切的态度，信心十足地结束推销行为。他知道"推销"一词的意义就是"服务"。

第三，无法成功地升为主管阶级。他害怕遭到拒绝——包括上司、下属或同事。他通常会隐藏起本性，视情况的需要戴上不同的面具。首先，他会在下属面前扮演"老好人"，告诉他们一切如常，他想成为他们的一分子。其次，他担心被以往的同行排斥，因此忽略了应有的管理原则。他也可能采取相反的措施——摆出傲慢的"我成功了"的姿态——和他们划清界限。再次，他也许会过于担心自己与管理阶层的关系，急于得到认可、接纳，变得过于顺从，事事征求别人的意见。由于深恐失败，往往迟迟不敢行动。最后，他也许会装出无所不知的样子——绝对不征求任何人的意见。

反之，具有健康自我形象的人，很容易进入管理阶级。他有信心，但是也很谨慎，看得出能愉快胜任。他不轻易许诺，但却言出必行。他深知为人服务与曲意顺从之间的差异。他不会刻意追求或回避，面对上级，能够当机立断。他知道自己能够升迁是因为上司对他的能力有信心，相信他能做好这份工作。他明白如何在信心与傲慢之间划清界限。更重要的是，他坚持原则，能灵活运用各种方法。万一做出错误的决定，他不会因此方寸大乱，因为他知道，大多数情形下，最糟糕的是没有任何决定，不论对或错，他至少做了决定。由于自我形象十分健康，他办事十分果断，即使犯了错，受到挑战，或有某些特殊的事情必须请人协助时，也不会觉得不安。

# 一定要忠告伪君子

自我形象恶劣的人往往喜欢心血来潮地夸下海口。新来的教练为了立即被球员接纳，就会许诺一些自己做不到的事。制造商或代理商无法承受被拒绝，就答应顾客一些做不到的事。总之，最容易犯话太多、服务太少毛病的人，就是自我形象恶劣、缺乏安全感的推销员。他们无法忍受别人的拒绝，以为只有这样做才能谈得成生意。但是，生意一旦谈成，他又会感到内疚而逃避客户。顾客得不到服务，开始对产品及推销员不满，进而口吐怨言，推销员的自我形象问题因此更加复杂。

公司员工如果有自我形象的障碍，即使明知自己的工作应该得到更多酬劳，也没有信心要求加薪。只会自怨自艾，觉得没有人了解、欣赏他。结果工作表现越差，就越不可能升迁了。

在家庭里，自我形象恶劣的父母会表现出不愿管教子女的态度，却借口"我爱他太深，管教他会让我伤心"。事实上，他们担心管教会使子女排斥他们、不爱他们。不幸的是，这一来反而造成亲子问题，父母失去对子女的控制，子女失去对父母的尊敬、信心及安全感——这是对权威反抗的第一步。

上述反抗也是自我形象不良的征候，1974年，美国青少年犯罪的45%起因于此。如果父母及师长能多了解、关心青少年，体会到这些现象所代表的意义——"关心我！注意我！"——大部分的犯罪事件就可以避免了。这些孩子上课喜欢迟到、大声说话、忘记带课本、问老师一些不相干的问题……因为他们觉得这是引起别人注意和关心的唯一方法。

　　接下来再谈谈恶劣自我形象在其他方面的表现。

　　自我形象不好的学生，即使明知老师判错了考卷，也不会去向老师讨回分数。

　　自我形象不良对十一二岁的孩子影响最为长久。他们第一次和异性接触时，就会发生问题。如果其中一方或两方都觉得人家排斥自己，问题会更严重。要是某一方或双方外貌不够吸引人或不够聪明，事情就变得更复杂了。

　　在这个关键时候，如果从完全不被家人接纳转变成几乎完全被异性接纳，就会造成很大的变化。为了挽留唯一能接纳他们的人，他们不惜做出任何事，如早婚、未婚生子。事实上，除了生理需求之外，这样的夫妻彼此之间毫无相同之处。

　　如果找不到固定的异性伴侣，这些年轻人也常会以奇装异服或怪异的举动来"钩"引他人。但是这样"钩"到的对象往往无法预猜，而且只要碰到更有吸引力的"饵"，他或她又很可能被"钩"走。总之，任何建立在生理需求上的关系绝对无法长久维系。

　　相反，具有健康自我形象的年轻人，就不会过早和异性发生不正常的关系。聪明的他（她）不会被对方"利用"，也不会因异性的怂恿而做出遗憾终生的事。他们了解快乐和欲望是不同的，不会为了一时之欢而"出卖"终生的幸福。

事实证明，不愿意得罪人的"大好人"往往也有自我形象不良的通病。年轻时，尽管他不喜欢，还是会跟着大伙抽烟、喝酒、说黄色笑话、做同样的行为、穿同样的衣服。因为他从未接纳过自己，生怕一旦别具一格、做自己想做的事，"惹火"了同行，就再也没有朋友了。

　　成年后，他会只说别人想听的话。到餐厅时，他绝不会把太老的牛排退给厨房；在医院里，医生先看别的病人，他会耐心地多等一个小时；理发时，他会先让位给别人；他从来不和上司争辩，别的同事抢他的功劳，他也毫不反抗。

　　不过不要误会了，如果你是大好人，具有健康的自我形象，而且这些行为都出于自愿，当然可以继续维持你的风格。如果你觉得这些芝麻小事不至于妨碍你的人生计划，那么你的自我形象自然毫无问题。但是，如果你的举动是为了得到别人的接纳，那么你做的一切都会徒劳无功。理由很简单，你所表现的并非真正的你，而是一个伪君子。大多数人——包括其他伪君子在内——都不喜欢虚伪的人。

　　不良的自我形象，会影响到生活的每一个层面以及每一种行业。如果你也具有不良的自我形象，不要惊慌，本书会告诉你，如何逐步改善自我形象。你已经踏上成功的阶梯，不久你就会发现，迈向成功并非难事。

# 塑造崭新的自我

### （一）重视你自己

　　仔细清点一下你的资产，你会发现自己实际上身价数百万，世界上没有任何人能看轻你，你也不会容许任何人这么做。伟大的黑人民权运动斗士布克·华盛顿曾说："我绝不会因为憎恨任何人而污蔑了自己的灵魂。"

每个人都应该喜欢自己，理由如下：

第一个理由，这是人之常情。印第安纳州盖瑞市的一位妇女因为使用某种药物几乎完全失明，得到100万元美元的赔偿，你愿意和她交换位置吗？加州一位妇女因为飞机出意外而损伤背部，一辈子都无法步行，你愿意和她交换吗？相信如果你的视力和双腿原本正常，绝对不会和这两位女士互换。如果可能的话，这两位女士一定非常乐意舍弃100万，换回健康的身体。

你一定明白，无论你的经济情况多差，无论你多么爱钱如命，都绝不愿和她们"易地而处"。任何人都希望有那么一大笔钱，但是绝对不会用自己最大的资产——健康——去交换。

第二次世界大战时，著名的"封面皇后"贝蒂·葛拉宝以保了百万美元意外险的美腿出名。想不想再看另外一双价值百万的腿呢？低头看看你自己的腿就是了，相信你绝对不愿意用自己的腿去换100万元。

既然你不愿意用100万元换眼睛、背部或双腿，你的价值就已经超过300万了。我们只不过随便算算，就有了这么好的成绩，你一定更喜欢自己了吧？

幸好，你不必用健康这项资产去换取另一项资产（财富）。只要能培养本书中所说的积极态度，以及美德、忠心、爱心、诚实……德行，你就可以鱼与熊掌兼得了。

曾有达拉斯的报纸报道，有一幅林布兰的画售价超过百万美元。帆布上的画，为什么会值那么多钱呢？这显然是一幅独一无二的作品，有史以来，没有任何画和它一模一样。这是林布兰的原作，因为独一无二所以价值连城。其次，林布兰是百年难得一见的天才，他的才华显然受到了肯定。

再想想你自己，自有人类以来，地球上生存过亿万人，直到现在，世上还有几十亿人在生活，但是无论什么时候，都不会有另外一个你。你是世上独一无二、与众不同的个体，因此你价值非凡。林布兰虽是天才，却也不免一死。上帝创造了林布兰，也创造了你，在上帝眼中，你和林布兰或任何其他人都一样可贵。林布兰固然是稀世天才，却能每天提起画笔练习不辍。世界上可能曾经有好几百个像他一样有才华的人，却因从未提笔以致默默无闻。

再打一个比方，如果镇上只有你一个人有车，除非你一直把车停放在车库中，否则别人一定会知道你有车。既然知道你是世上独一无二的，你就应该发挥自己的才能，善加运用。记住，上帝创造你、赋予你才能，是要你运用，不是要你埋没。

应该喜欢自己的第二个理由——这是有科学根据的。很多人都对科学信心十足，所以我们再从科学的角度来评估你。

大脑所能储存的信息，比许许多多最精密的电脑还多。科学家说，造一个人脑必须花好几亿元，体积将会比纽约帝国大厦还大，用电量也会超过一个千余户的城市。制造这个人脑，要结合世上最聪明的人。然而，尽管耗费了大量的空间、金钱及电力，这部人造头脑仍然无法像你的一样，在转瞬之间想出一个好主意。

你每说一个字，就必须靠七十二条肌肉互相协调。现在，你应该相信自己有能力迈向人生的巅峰了吧？你一定知道有些能力不及你的人已经成功了，对吗？

也许你会说："如果我真的那么聪明，怎么还会这么不得志呢？"这个问题问得好，可以先告诉你一部分答案：

很不幸，你生来就带着这个头脑。如果任何人拥有你的头脑，再以10万元卖给你，两人都可以发大财了。但这是绝对不可能的事，你的头脑是你今生最大的财富，以后再也不要对着镜子骂自己笨了。你应该珍惜自己宝贵的头脑，不让别人污蔑你的智力。

再强调一次，所谓健康的自我形象，不是过度膨胀的自傲自大，而是单纯健康的自我接纳。

第三个理由——《圣经》上有记载。

《圣经》告诉我们，神依照自己的形象创造了人，耶稣说过："我所做的事，信我的人也要做，而且要做比这更大的事。"其没有把年龄、教育程度、性别、身高、肤色或任何其他条件视为成功的要件，也就是已经把你包含在内，这正是在本书开始就提到的"信心"的原因。只要有信心，成功并不难，既然你已经踏上信心之路，成功也就在望了。

假如你的孩子自怨自艾地说："我一无是处。"或"什么事都做不好。"你有什么感觉？快乐、骄傲，还是伤心地摇头叹息？同样地，如果自己贬低自己，父母会做何感想呢？我们无权看轻自己或任何其他人。如果我们每天早晨能对镜自语："老天爱我，我也爱我自己。"这对你自己肯定有积极鼓励的作用。

几年前，比利·葛拉汉在伦敦布道时，有人对英国人的热烈反应感到惊讶，艾索·华特斯却开朗地笑道："上帝没有失败的作品！"

达拉斯著名的女商人玛丽·柯罗莉，是杰出的基督徒。她说："每个人都是有价值的人，因为上帝不会创造没用的人，只要了解自己对上帝的重要性，就不必再对世人宣扬自己的价值了。"她笑了笑，又说："上帝创造男人之后，看了一眼又说：'我可以做得比这更好。'于是就创造了女人。"

知道自己有这么多资产之后，你一定更喜欢自己了，对吗？小心，不要太沾沾自喜了！

### （二）外观的重要性

外貌对一个人的自我形象有很大的影响。下面这段刊登在《达拉斯晨报》上的文章，详细说明了这种观念。

达拉斯一群年长的妇女因为自己的"新貌"而神采飞扬。她们借着轮椅或手杖的协助，每星期做一次面部保养。

一位等着做脸的八十一岁老太太说："真是太高兴，我知道每星期有什么事要做……生活有了目标。我皮肤更年轻了，你猜得出我已经八十一岁了吗？"她摸摸自己的脸颊。"我的皮肤就像五十岁一样。"这位老太太身体状况极差，眼睛几乎看不见了，但她每天早上出门之前一定先化妆。

这个计划是由玫琳·凯化妆品公司提供的，参加者平均年龄是八十三岁。六个月之后，主办单位发现这些老太太自我形象都发生了巨大变化。

有五十位妇女——从五十七岁到九十四岁——每周敷面一次，并且每天早上化妆，晚上卸妆。

"我们希望证明，年长的妇女也同样在乎自己的外貌。"主办人马文·恩斯特说，"打扮得越好看，她们的心情就越好。"

实验结果证明，参与者的自我形象大为改善，未参与者则维持原貌。

马文又说："整洁的仪容对自我形象有积极的提升作用，能使人经常保持愉快的心情。"

在美国，每个丈夫都觉得太太从美容院回来或穿上新装后，心情都特别好；得州许多高中校长也指出，学生在穿着特别正式的"照相日"，表现都特别好。"人靠衣装"这句老话，更证实了外表对自我形象及行为的影响力。雇主也发现，员工穿着特别正式时，工作表现会特别好。

所以，要改善自我形象，一定要打扮得体面漂亮。

### （三）多读名人传记

多读不同种族、肤色、性别的名人传记，看看他们如何利用自己的才能，对生命做出贡献，并且得到极大的反馈。看了亨利·福特、林肯、爱迪生、卡内基、华盛顿等人的传记，不可能不受感动。看了英文版《读者文摘》所刊登的伊莎·怀特（一个黑奴的女儿）的故事，必定会得到很大的启示。看到他们的成功，任何人也会不由自主地产生追求成功的意念。

### （四）多听演讲及师长的忠告

听别人演讲往往可以得到许多启示。一般而言，所有建设性的书籍、演说、电影、电视节目及人物，都能帮助你建立良好的自我形象。

### （五）逐步完善自我形象

许多人因为恐惧失败而不敢尝试新事物。可能的话，开始学习新事物时，先从有信心的部分入手，再逐渐旁及其他部分。小孩子学习乘法时，先学会二乘二，再学三乘四、五乘六，就觉得自己能够成为数学专家。小女孩第一次学做饼干成功之后，就相信自己能做更好吃的点心。能够跳过六尺的跳高选手，必定先从较低的高度起跳，由于信心十足，往往会跳得更高。得州某高中的跳高选手就因此跳出比以往高四寸的成绩，打破了全国纪录。

以上这些表现，都是因为受了我们"建立信心"课程的影响。这位跳高选手承认，他起跳的时候"预先看见"自己一路跳过较低的高度，最终打破纪录。

想要建立健康的自我形象，就要从易于成功的方面入手，再逐步推展。每前进一步，你的信心就会更坚定。由于自我形象改善，表现就会更好；由于表现更好，自我形象就会更好……

训练推销员时，都会先让他在课堂上练习，并且鼓励他回家后再当着家人或面对镜子加强练习，即使出现问题，也不会有任何损失。已故的麦斯威尔·莫尔兹称之为"没有压力的练习"。

信心不是一下子就可以建立起来的，只看本书一次，也无法达成目的。记住，经常练习，循序渐进，就越能树立健康的自我形象，相对地，也就会有越大的成就。

### （六）多给予别人赞美

你对别人微笑，别人也对你报以微笑时，你自然会感到心情愉悦。即使对方没有反应，你也知道你比他富有，因为你拥有可以付出的精神财富。赞美别人时，别人觉得愉快，你也自然会心情开朗。使别人快乐最好的方法，就是散播快乐的心情。日常和朋友或家人打招呼时，别人问你："近来好吗？"你可以高高兴兴地告诉对方："好极了——不过还会越来越好。"如果你的心情没那么好，也可以说你希望很快就会变好，甚至告诉对方，你相信只要抱着愉快的态度，很快就会有愉快的心情。

另外一种使别人快乐的方法，就在于"技巧"地接电话。很多人接电话时，都粗鲁地应道："喂？"甚至更粗鲁地问："找谁？"仿佛对方犯了什么罪似的。金克拉在家接电话时，都会用愉快的口气说："早安，你好。"或"早安，我是珍·金克拉的丈夫。"或"早安，今天金克拉家的人都很快乐，希望你也一样。"通常，不论他心情好不好，都会用这种口气接电话，原因很简单，只要他用愉快的态度处事，心情自然就会愉快起来，而且这种乐观、愉快的心情会影响到对方，使对方也快乐起来。

金克拉认为每一个人面对乐观的人时，都会自然而然变得心情愉快起来，当然也包括你在内。

### （七）以帮助别人为乐

探望孤苦无依的人或病人、为残障者烤一个蛋糕、到养老院为老人读书报、帮助有事外出的年轻妈妈照顾小孩、教导失学民众读书、担任红十字会义工、或担任学校导护义工……为人服务的方法很多，大卫·唐恩的大作《奉献一己之力》（*Try Giving Yourself Away*）中，有许多很好的建议。

但是有两件事必须注意：第一，不能接受酬劳；第二，对方必须无法回报你。对方无法报答你时，你会真正体会到"施与比享受更幸福"，觉得自己非常幸运，拥有的实在太多了。由于能无私地为别人付出，你会觉得自己是有价值的人。正如狄更斯所说的："能够减轻别人的负担，就是有用的人。"

### （八）交友要有选择

交朋友时选择乐观、有崇高德行的人，必然会获益良多。很多人，刚进入推销界时，怯生生的、内向、能力不强。但是短短几周后，却变得截然不同：充满自信，工作效率极高。这是因为他们从小生长在消极、否定的环境中，周围人不断灌输给他们负面思想，指责他们做不到的事。进入推销界之后，世界变得豁然开朗，所听到的都是他们"能"做到的事，每天努力都可以带来成果。他们发现喜欢自己比讨厌自己更有趣、更有收获，因此自我形象也立刻改变。

生活在愉快、积极的环境中，自我形象及态度自然会有所改变。因此，选择与乐观、积极的人交往，结果必然乐观。"近朱者赤，近墨者黑"，交友不可不慎。

以色列集体农场中的统计显示，东方犹太裔的子女，平均智商是85，而欧洲犹太裔的子女平均智商则是105。这是否表示后者比前者"聪明"呢？事实说明，在集体农场积极的环境下，专心学习、成长四年之后，双方的平均智商都达到相同的水平——115。由此可见，甚至连智商都会受到朋友的影响。结交益友，成功的机会必然大增。

然而，朋友也会带来负面影响。年轻人和抽烟的朋友交往，一定远比和不抽烟的朋友交往容易染上烟瘾。吸毒、酗酒、行为不检、谎骗、偷窃等，也是同样道理。幸好，选择朋友的权利完全掌握在我们的手里。

### （九）找出自己所有的优点

把自己的优点列在卡片上，放在随手可及的地方。也请朋友写出喜欢你的理由，随时作为参考。

总之，时时提醒自己有许多优点，自我形象一定会日益改进。

### （十）回忆往日的所有成就

写出从孩提时代到目前最令你满意，给你最多信心的事，包括教训学校里的坏蛋及一门很难的科目得到优等。偶尔看看这张表，就会想起自己过去的成就，重新燃起希望与信心。信心可以建立良好的自我形象，并且带领你一步步走向成功与快乐。

不要忘了把下列优点列在你的清单上：可靠、诚信、乐于助人、诚实、忠心、努力工作……

### （十一）坚定抵抗有害事物的信心

为了建立健康的自我形象，就必须避免接触某些有害的事物，尤其是色情影片及书刊。大脑所吸收的所有资讯都会深植在脑海中，也许会为未来打下良好的基础，也许会减少你日后成功的机会。

电视连续剧所讲述的多半不外乎婚姻、家庭等，既浪费时间，却又像迷幻药似的令人欲罢不能，每天一到时间就忍不住打开电视。事实上，那些剧情猜都可以猜得出来，不是这个有麻烦，就是那个有问题。看多了这种连续剧，自己都可以当编剧了。日子一久，你也会把剧情投射到自己的生活中，自认为知道"他"或"她"的感觉，因为电视剧里就是这么演的。

占星术也具有同样的吸引力，但却更具有破坏性。许多人觉得看看占星术无妨，因为他们压根就不相信。事实上却往往深受影响，有些人甚至因为占星结果不顺利，就不愿做重大决定或出外旅行。《圣经》上说星象家是魔鬼的把戏，如果你观看星象，就是观看魔鬼的布告栏。

### （十二）从失败中总结教训

歌王卡罗素成名前，经常唱不上高音，老师曾经劝他放弃。幸好他锲而不舍，成为世界公认的首席男高音。爱迪生的老师骂他是白痴，他发明灯泡之前失败过一万四千多次，但世人都知道他是发明大王。汽车大王福特在四十岁时破产，爱因斯坦的数学不及格，但是他们都能从失败中吸取教训，努力不懈，所以才能成为世人的楷模。

伟人与平凡人的差别，就在于前者能持之以恒，后者却半途而废。

### （十三）积极参与各种社团

要改变自我形象和表现，最好的办法就是参加需要训练口才的健全社团。许多人在私下都能侃侃而谈，但是一想到要当众发表演讲，就紧张得手足无措，因为他们总觉得自己一上台就会张口结舌，显得非常可笑。

以往在卡耐基任讲师时，有许多人当众起立表现自己之后，形象顿时为之改观。起初，有些人迟迟不敢站起来说话，但是一旦产生信心，想叫他们"坐下来""闭嘴"都不容易。

### （十四）要正视对方的眼睛

无论是贩夫走卒或高官名士，都喜欢谈话时"正眼"看人，相信你我也都不例外。但是有很多人和别人说话时，却不知道应该正视对方的眼睛。

要想改变这种情况，就要先从自己做起：只要一有机会站在镜子前，就正视自己的眼睛。最好能每天抽出几分钟，一面对镜中的自己，一边复述自己以往的成就，以及别人称赞过你的优点，如诚实、乐观、有毅力、体贴、温和……

有机会和小孩子说话或玩的时候，多注视他们的眼睛，小孩子会更喜欢你，他们的接纳会使你的自我接纳大增。

把握每一个机会，正视同行的眼睛。由于信心增加，你在面对任何人时，都能正视对方的眼睛了。这不但可以帮助你建立良好的自我形象，也可以让你交到许多朋友。

### （十五）学会改善自己外貌

尽可能设法改善自己的外貌。肥胖的人减肥成功之后，可以穿着漂亮的服饰；参与团体活动，也不会因为有人好奇地打听体重而感到自卑。

有时候，美容手术对于建立自我形象也有极大帮助，如招风耳、大鼻子、兔唇等问题。不过，这些手术通常还要配合心理治疗，谨慎选择动手术的医生，再加上适当的指导，就能事半功倍。

以上"建立健康自我形象"的步骤，都是为了帮助你接纳自己。只要能接纳自我，别人是否接纳你就不必耿耿于怀了。事实上，此时别人不但会接纳你，也会欢迎你。理由很简单，他们所接纳的是真正的你，这个"你"远比过去千方百计想成为他人影子的那个你好多了。

真正的你被接纳之后，你的行为会日益完美，道德会日渐高升。你变得轻松自在多了，不会再为小事斤斤计较，自信大为增加，与人沟通时不再有障碍，家庭关系也会大为改善。

能够接纳自己，也就很容易接纳别人和别人的看法。请注意，说的是

"接纳"，接纳并不一定要同意，只要表示你能接受，甚至了解他们为什么会有那种感受。在这种情形下，无论对方的种族、肤色、背景及职业如何，你都会觉得很容易相处了。

### （十六）要学会解决问题

大部分问题，无论是经济、社会或婚姻问题，都不是问题，只是问题的症状。每一个存心和社会作对的人，都会像小孩一样说："你们不注意我，所以我要做一些与众不同的事，让你们注意。也许你们会觉得很可笑，也许会不喜欢，不过你们一定会注意到我的存在。"

那些经常"忘记"带课本、爱争吵、自作聪明、爱出风头的孩子，只是在表现可怜的自我形象。他们真正想说的是："请注意我、爱我、接纳我、承认我——我也是一个有血有肉的人。"

一个人能够接纳自己，别人也势必会接纳他。即使别人拒绝，也不必过于在乎。这是不是太以自我为中心了呢？事实上正好相反。莎士比亚说："对自己真实才是最重要的。唯有对自己忠实，才能对别人诚恳，这就像黑夜永远跟在白天之后一样真实。"能够接纳真实的自我，言语粗俗、衣着邋遢等症状都会随之消失，你的问题也就自然不存在了。

例如有毒瘾或酒瘾的人，自我形象几乎都非常恶劣。他们不喜欢自己，猜想别人也一定有同感。他们想找一个简易的方法改变自己，毒品和酒精似乎就是最好的答案。事实上，我们可以从千千万万个可悲的例子中知道，吸毒、酗酒只会使问题更复杂、造成困扰，甚至危害生命。

所有问题解决之后，自我形象十分健康，不必再为这些问题担心。为自我形象下过功夫之后，接下来就可以看看你有什么选择了。

### （十七）选择自己的未来

日本人种植一种迷你盆景，几乎完美无瑕，不过高度是以寸计算。加州有一大片巨大的美洲杉，其中有一棵高达272英尺，直径79英尺，砍下来足可建造35栋五层高的房屋。尽管它们现在的高度有天壤之别，但是当它们还是种子时，重量都差不多，为什么会造成日后的差别呢？因为盆景树的树芽刚钻出土壤时，日本人就把它拔起来，绑住它的根，限制它的生长，结果就长成迷你盆景。无论它多么美，仍然是棵迷你小树。美洲杉的种子落在加州肥沃的土地上，受到矿物质、雨水和阳光的滋润，终于长成雄伟的大树。这两种树都无权决定自己的命运，但是你有。你可以决定自己要做一棵迷你盆景或是高大的杉树，而你的自我形象就是决定一切的主因。

### （十八）珍爱自己

最后，再次强调本章开始时的一句重点：世界上没有任何人能任意看轻你。只要你能接纳自己，就会觉得自己值得获得生命中一切美好的事物，以后就能除去障碍，追求美好的人生了。

# 丰富的人生点滴

在这里讲一点金克拉的亲身经验与读者共享，相信许多人也曾经历过他当年的恐惧、失败及挫折。他的故事必能为大家带来真正的希望。

因为另外一个人的激励，使他改变自我形象，逐渐迈向人生的巅峰。相信这个故事也可以为你的"自我形象"与"人际关系"之间搭起桥梁。

金克拉有十二个兄弟姊妹，父亲在1932年因心脏病去世，母亲必须照顾五个年幼的孩子，无法外出工作。她是个虔诚的基督徒，她告诉他们，只要努力工作，尽力做好每一件事，就会平平安安地度过一生。虽然她只读到小学五年级就辍学，但是却得到人生大学的优等学位。她在密西西比州的亚如城深受敬爱，直到晚年仍能凭签字向银行贷款。她对上帝及真理的爱一生不变，她是非分明，常说："鸡蛋不是新鲜就是坏掉，没有'还算'新鲜的蛋。"她坚持事实及原则，不容妥协。她告诉她的孩子们："做错事没关系，只要肯说实话，付出该付的代价，一切都不晚。就怕做错事还遮遮掩掩，一错再错，直到不可收拾。"金克拉的子女出世之后，她最爱说的话就是："身教重于言教，孩子们可以清清楚楚地看到父母的一举一动。"

### （一）4角钱

金克拉用一个小故事说明他母亲的人生哲学。小时候，金克拉每周六从早上七点半到深夜十一点半在杂货店打工，可以赚到七角五分。几个月后，附近的三明治店有意请他跳槽，从早上十点工作到半夜。白天工作时间较短，而且可以赚到五美元，所以他很想换工作。

四角钱在今天似乎微不足道，但在1939年的密西西比小镇，对一个小男孩可是一笔不小的数目。母亲从未考虑过让他换工作，他也无意违背她的心意，杂货店老板安德森先生也是虔诚的教友。母亲告诉金克拉，四角钱并不重要，安德森先生对他的身教是无法用金钱衡量的。她说她不认识三明治店的主人，也许他人还不错，但是她深爱儿子，不能让他到一个不明不白的地方去工作。她已经表明了决心，就不容更改。既然她出于爱心，而且从小就教导孩子们要顺从父母，金克拉必须尊重她的意愿。

### （二）初试推销工作

除了深爱他的母亲之外，安德森先生关心他、照顾他，就像父亲一样。金克拉从五年级到十一年级，都在杂货店打工，工作是一边扫地一边请人站到两旁，让出空位来。

上了初中之后，他到隔壁的肉店工作。店主原是安德森先生手下的经理，名叫华顿·汉宁，也非常好，对他关爱有加，中学毕业之后不久，他就到海军服役。出发前夕，汉宁先生叫他去做告别谈话，他要金克拉服役回来之后继续回店里工作。"老实说，我实在没什么兴趣，因为一周工作七十五小时，才赚三十美元。"但是汉宁先生告诉他，只要他回来好好干两年活，彻底学会这一行的本事，他就会帮金克拉开拓自己的市场。最令他兴奋的是，他告诉金克拉去年的盈余有5117美元。别忘了，1944年的物价和今天有着天壤之别。

在海军服役期间，金克拉认识了密西西比州的珍·爱伯纳西，并且坠入情网。到现在为止，她一直是他最爱的妻子，已经整整三十一年了。退伍后，金克拉考上南加州大学，靠着晚上在宿舍里卖三明治维持开销，开学期间，生意还不错，放假时可就一落千丈。有一天，珍在报上看到一则求才的消息，是年薪一万美元的推销员。当推销员当然不是容易的事，但他的确需要那笔钱。他打电话去，约好面试的时间。面谈回家之后，他很兴奋地告诉珍，他被录取了，以后每年可以赚一万美元。她也高兴，问他什么时候开始上班，他告诉她，那个人会和他"保持联络"。

当时，金克拉非常天真，以为真的找到了工作，不知道对方间接回绝了他。一个月后仍然没有消息，他就写了一封信去打听。对方十分坦白地告诉他，他们觉得他的推销能力不够。他真诚地表示自己有兴趣也有信心，又过了一个月，公司终于答应让他受训，但事先声明如果培训结束后，他们仍然觉得他无法胜任，并不一定会给他工作。那份工作推销的是厨具，薪水是以佣金计算。培训结束后，他们录用了他。接下来的两年半当中，他的表现证明公司当初的眼光并没有错。

### （三）掉进水里不一定会淹死

不论曾经如何落魄，都不要影响日后的表现。卡维特·罗勃是位杰出的演说家，也是培训推销人员的一流高手，他曾说："掉进水里不至于淹死，不爬出来才会淹死。"又说："跌倒没有关系，但是不能一蹶不振。"

被别人打倒不算失败，只有不能重新站起来的人才是失败者。你或许有过许多次想辞职的念头，金克拉也同样多次有意辞去推销工作。每当家中举债度日、前途未卜的时候，最需要的就是能给予自己信心的人。他的母亲为他立下的勇敢、奉献、毅力的典范，也给了他不少指引。

金克拉承认，当时他经常会感到困顿、沮丧。汽车加油时，往往一次只能加五角钱油。到杂货店买东西时，如果心算错误，往往得退还一两种物品，长女出世时，医院的账单只有六十四美元，他却连六十四美元都凑不出来，只好变卖一些东西付账。

因为他的自我形象极差，推销本事也不高，因此生活非常穷困，但是他却摘录另一本拙作中的一则故事，为从事推销工作的朋友打气。

有些经验丰富的推销员不时举办餐会，顺便展示产品招徕顾客，他也决定效仿。他的第一次餐会一共招待了两对夫妇。展示完毕之后，四位客人一致决定买了。当时，任何有理智的推销员，尤其是像他那样潦倒的情况下，都必定会立刻接下订单，但是他却先走一步，"因为我另外有约，时间已经太晚了"。事后，这两笔生意都谈成了，所以不要失望，因为希望是无所不在的。

### （四）你也可以出人头地

经过两年半努力，金克拉的事业突然有了一百八十度的转变，他参加了北卡罗来纳州夏洛堤市的集中培训课程，主持人是田纳西州的莫瑞尔先生，课程的内容很好，但是上完一天课之后，他又开车回南卡罗来纳州，主持一个晚餐说明会。回家上床时，已将近深夜，孩子吵得他几乎一夜没睡。清晨五点半，闹钟响了，他迷迷糊糊地看着窗外，发现地上已经积了十寸的雪。想到要开着那辆没有暖气的老爷车长途跋涉，他的心就冷了大半截，准备继续蒙头大睡。

但是躺在床上时，他想到自己参加销售会议从未缺席或迟到过，又想到母亲的话："为人做事要尽心尽力，如果不能全力以赴，就干脆不要做。"《圣经》上也说："我巴不得你或热或冷，你既如温水，不冷不热，所以我得从我口中把你吐出去。"

培训结束后，莫瑞尔先生悄悄把他拉到一旁说："小伙子，我观察你两年半了，从来没看过像你这么浪费天赋的人。"金克拉惊讶地请他进一步说明，他解释道："你的能力很强，一定可以出人头地，扬名全国。"他心里非常高兴，但是也有点怀疑，向他再次求证，他肯定地告诉他："我相信只要你拿出信心，全力以赴，一定能登上巅峰。"

这番话对他而言意义实在太大了。他从小就是个小瘦子，胆子又小。他的自我形象是"小镇来的小人物，将来会回到小镇上，每年赚5117美元"。突然之间，这个令人仰慕的大人物亲口告诉他："你一定可以出人头地。"幸运的是，他相信了莫瑞尔先生的金玉良言，在思想、行动方面都开始表现出大人物的风范——果真有了大人物的成就。

**（五）成功很容易——只要有信心**

莫瑞尔先生教给金克拉的销售技巧并不多，但是还不到年底，他已经在一家有7000多名推销员的公司任职，成为全美数一数二的推销员。他的老爷车换成了豪华轿车，也升为经理。第二年，他成了全美国收入最高的主管之一，后来又成为全国最年轻的区域顾问。

听了莫瑞尔先生一席话后，金克拉并没有突然领悟新的推销技巧，智商也没有突然提高。但是莫瑞尔先生给了他信心，相信他能够成功，也给了他生活目标，鼓励他发挥自己的能力。如果金克拉当年不相信他，他的话不可能对自己发生作用。因此，希望你也相信这样的话——"你也是一个与众不同的人，你和我一样可以成功、快乐、健康。"请千万别怀疑！

这件事是他生命中的转折点，但这并不表示他从此平步青云，因为他日后又经历了许多起伏。

当金克拉郁郁不得志时，他读了皮尔博士的《积极思想的力量》（*Power of Positive Thinking*），因此找出他问题的真正根源——他自己，他的事业又有了起色。另外还有一些好书、好人，在他困顿的时候给了他很大的力量。所以他非常鼓励读者积极找寻好书、好人的协助。

《成功的阶梯》及姊妹作《更丰富的人生》（*The Richer Life Courso*）是金克拉黄金岁月的作品。他的作品被译为各国文字，他也有幸与皮尔博士、里根总统等名人相提并论，希望你也能珍惜上天赐予的天赋，勇于发挥。他能，相信你也能。

莫瑞尔先生对金克拉说的话不超过五分钟，总共只有几句话，但是却使他的自我形象完全为之改观。如果他也能在你的生命中占有小小的一席之地，你也会表现不凡的。希望本书——尤其是本章——能搭起一座桥梁，使你由接纳自我变为接纳他人，金克拉的目的也就达成了。

# 第三章　成功的处世哲学

在现今纷繁复杂的社会里，一个人能不能出人头地，关键不在于他的际遇，而在于他用什么样的态度去面对问题，用什么样的方式去对待别人，如果他所做的一切均符合爱的真谛，那么，他的人生绝对是美好的。

# 拥有热情的态度

金克拉曾说过："一个人能不能出人头地，关键不在于他的际遇，而在于他用什么态度去面对问题。"一开始，西丽丝蒂·贝克的际遇并不顺利，不过那只限于当时而已。她的左腿患了一种叫"反射交感营养性退化"的疾病，经常剧痛不已。但是西丽丝蒂却能勇敢面对挫折，成为全校同学的楷模，赢得佛罗里达州鲍德温市立中学1994学年度的"最佳勇气奖"。从下面的例子中，就可以对她处理问题的态度有所了解。

有一天，西丽丝蒂打电话请妈妈到学校来。辅导老师吉斯·乔尔斯以为她无法忍受痛楚，要妈妈带她回家，于是安慰她说："其实早一点回家也没关系。"西丽丝蒂立刻回答："我不是要回家，只是请她送拐杖来，我才能走路。"也就是说即使腿痛难忍，她也不愿缺课。

西丽丝蒂勇往直前的精神的确可敬，她不但打排球，还参加游泳校队，甚至把参加游泳赛当成治疗方法。老师们都对她赞赏有加，例如，"她很有创意，非常可爱。""教导这样的学生真是一大乐事！""西丽丝蒂上课专心、用功读书，真高兴教这样的学生。"的确，西丽丝蒂在各方面都表现出勇往直前的态度，值得我们所有人学习。

正如金克拉前面所说的，一个人能不能出人头地，关键不在于他的际遇，而在于用什么态度去面对问题。因此，奉劝各位读者也能拿出"我一定能做到"的信心面对各种状况。

一位事业成功的女强人，曾经在某几年之中，每天早上十点准时到安养中心去探望挚爱的母亲。她早上十点经常有约，但她总会要求改期，并且说："对不起，我必须去探望家母。"

后来，她母亲过世了。不久，有人约她早上十点谈论公事。她忽然发现自己再也不能探望母亲了，情不自禁地想：要是我能再去探望母亲一次就好了。从这一刻起，她把"必须去"改成了"要去"。

从她的故事中，人们体会到一件事："必须"去做的事是一种负担，例如，我早上七点必须出门上班。我必须打扫房间。但是"要"去做的事却会让人满心欢喜，例如，我今天要去打高尔夫球。我这个周末要去度假。

"感觉"对思想及表现具有极大的影响力，想到"我必须去上班"时，不妨想想那些没有工作的人，一定会感到心情开朗：我要去上班了。有人邀你钓鱼，不要满脸无奈地说："抱歉，我周末必须去儿子学校参加家长会。"想想看，有一天孩子长大了，你再也不必参加他的家长会，那时心中是否有几许惆怅呢？这么一想，也许你会很高兴"我周末要去参加儿子学校的家长会"呢！

一两个字的差别，就会使你的态度截然不同，你会发现自己做任何事都充满了期待，不再感到无奈、被动。态度不同，表现自然会不同，收获当然也有差异。因此，奉劝诸君以后做任何事，都能想着我"要"做，而不是我"必须"做。

# 人人都是负债者

大多数人都知道，1871年10月8日的芝加哥大火，夺走了200多条人命，烧毁了17000多栋建筑物。有人为这场大火写歌，至少有人为它拍过一部影片——其他有关的文章及报道就更不计其数了。

但是却有许许多多人不知道，就在同一天——1871年10月8日——威斯康星州的白诗提戈也发生了一场大火，夺走大约1500条人命，波及的林地面积有128万英亩。不用说，当天所有媒体的重点完全放在芝加哥，白诗提戈只不过是个默默无闻的小城市，不相干的人多半不会去注意它发生了什么事。相信大多数人都同意，白诗提戈的大火绝对会造成极大的影响，因为缺少多数媒体的报道，知道消息的人并不多。

人生也正是如此。例如，特蕾莎修女因为行善无数及无私的奉献而闻名世界，但她不喜欢出名，经常躲避媒体，只有在希望大众支持她坚定的理念时，才会公开露面。事实上，每天有千千万万的人在帮助邻居、无家可归或三餐不继的人。这些默默行善的仁慈天使完全是出于一片善心，他们只要帮助别人就可以得到快乐、满足，根本没有想到要出名，或者企求回报。如果没有这些人，这个世界肯定会比目前糟上千百倍。帮助别人改善他们的生活，你的生活也会因此改善。

在金克拉的一生中，始终坚信一个信念：只要努力帮助许多人得到他们想要的东西，你也一定能得到自己想要的东西。山姆·华顿说过："我很早就发现，只要能帮助别人致富，自己也一定会致富。"

儿童守则中有一项是"日行一善"。金克拉曾帮助一位行动不便的女士把行李放进座位上方的行李舱。她对他连声道谢，他笑着说："我才应该谢谢你，因为你给了我日行一善的机会。"这句儿童守则在日常生活中不时可以听到，它实在是一种很了不起的哲学。

人生最奇妙的一件事，就是在毫无私心的情况下帮了别人的忙，自己却也会得到益处。从科学上来说，我们帮别人忙的时候，脑子里充满了血清促进素，可以使我们精力旺盛，因此"日行一善"的儿童守则非常有意义。

那些在社区中热心帮助有困难者的人，都是精力充沛的人，本身的事业也更容易成功。

有人说，完全自我封闭的人就像被一个非常小的包裹紧紧包住，必然非常不快乐。想一想：你是否遇到过以自我为中心还能真正快乐的人呢？

金克拉很欣赏这个故事：有一个人独自去爬山，突如其来的暴风雪使他迷失了方向。他知道一定要尽快找到遮风避雪的地方，否则会被冻死。尽管他努力前进，但手脚却已渐渐麻木。匆忙之间，他被横躺在地上的一个人绊到了。这时候，登山者必须尽快决定一件事：停下来帮助这个人，还是为了救自己的命继续赶路？

他很快就做了决定，脱掉湿手套，跪在那个人身边，开始按摩对方的手脚。几分钟后，那个人有了反应。再过一会儿，他已经能站起来了。两个就互相扶持着下了山。事后，有人告诉登山者，因为他帮助别人，所以也帮了自己的忙，他替陌生人按摩手脚时，自己的手脚也不再麻木了。由于活动量增加，使他的血液循环加快，手脚都变暖和了。

奇妙的是，当他把注意力从自己身上移开，去关注别人时，竟然解决了自身的问题。金克拉坚信，要达到生命的巅峰只有一条途，就是忘掉自我，帮助其他人爬到更高的地方。

有一位名人说，做个重要人物固然很好，但是做个好人却更重要。还有一句古语说，一个人说话的时候，绝对学不到东西，只有注意倾听，才能学到东西。

注意听别人的话，有时可以免于尴尬。汤米·波尔特还在职业高尔夫球界时，一向以坏脾气出名。他经常敲断球杆或把球杆扔掉，常被球友和媒体拿来当话题。一次参加高球赛时，他雇了一名以多话出名的球童，于是他限制球童只能说："是，波尔特先生。"或"不，波尔特先生。"

很巧，波尔特有一个球落在一棵树旁边。他必须把球从树枝下面打过去，飞过湖面，才能打到果岭。他仔细分析状况之后，做了决定。他半自言自语，半对球童说："我该不该用五号铁杆？"球童早就把他的警告铭记在心，于是他说："不，波尔特先生。"波尔特不服人的脾气又犯了，说："为什么不行？你等着瞧！"球童依照他的指示答道："不，波尔特先生！"波尔特可不理他那一套，他瞄准目标，漂亮地一杆挥向果岭，小白球停在洞外的地方。波尔特十分自得，把五号铁杆交给球童说："这一球打得怎么样？你现在可以尽量说了。""波尔特先生，那不是你的球。"球童说。

因打错了球，汤米·波尔特除了被罚球，还罚了钱。

爱因斯坦说："我每天要提醒自己一百次，我许多生活是许多在世或已经去世的人努力的成果，因此我应该贡献全部的心血回报他们。"想想爱因斯坦的话，就明白其中包含着多么大公无私的智慧了。

每个人都要感谢自己的父母，因为是他们把我们带到这个世界上来。我们也感谢为我们安全接生的所有医护人员。

人一生极为重要的读、写、算等知识，是教育赋予我们的，我们应该感谢。如果没有人教爱因斯坦二加二等于四，就不会有相对论的产生。

不论我们从事士、农、工、商的哪一行，都要感谢使我们明白生命真谛的人。

曾经给过我们鼓励、教导的人，我们当然感谢他们。那些为我们传递信息的邮政人员、新闻从业人员、筑路工人……更给了我们太多应该感谢的东西。

我们要感谢的人多得数也数不清，爱因斯坦的话一点也没有错，每个人都亏欠很多。要想还债，就要经常向那些使我们生活更美好的人表达谢意。

经常向人表达谢意，一定会有许多朋友，生活也更加开心。

# 别贩卖爱、忠诚和友谊

约翰·查尔登·柯林斯说："成功的时候，朋友认识我们。失意的时候，我们认识朋友。"《美国英语辞典》对"朋友"的解释是："喜爱一个人；尊重、喜欢另外一个人，并且设法使他更快乐、更幸福。"换句话说，就是愿意为另外一个人做事。朋友是为你服务的人，是你的伴侣，是帮助你的人，是对你好的人。

如果一个人走到生命终点的时候，还有两个以上的朋友愿意随时随地帮助他，为他做任何事，那实在是太幸运了。

我们可以和朋友谈生活的所有方面——快乐、悲哀、希望、需要、胜利……在他们面前，可以不必隐藏自己脆弱的一面，因为我们知道朋友永远会为我们做最好的打算。

约瑟夫·艾迪森说："友谊可以使快乐加倍，使痛苦减半。"

罗勃·赫尔则说："有一个明理又有同情心的朋友，等于多了一个头脑。"

既然朋友及友谊如此可贵，怎样才能交到更多朋友呢？专门去寻找朋友，往往不容易找到；只要你努力去做别人的朋友，就会发现处处都是朋友。

山缪尔·强生说："一个人如果不继续交新朋友，很快就会感到孤单寂寞，友谊是需要不断发展的。"相信他的话，你就不会孤独了。

有人说，陌生人只是"尚未结交的朋友"。《美国英语辞典》对朋友的解释：喜欢一个人，愿意与他为伍，或者非常乐意为他服务。

这种解释充分表现出麦克·柯伯和他的朋友马克·魏曼在1989年7月9日开始攀登凯普峰的情形。凯普峰是一座3569英尺高的岩壁，位于加州北部亚斯麦山。对攀岩者而言，这是最难攀登的几座岩壁之一，即使全世界最有经验的攀岩老手，也不一定具有足够的体力及勇气。

魏曼和柯伯花了七天时间才登到山顶，途中曾遇到40℃以上的高温及猛烈的强风，为攀登增加了困难。爬到山顶之后，柯伯胜利地站着，魏曼却只能坐着——他是第一个不用双腿登上凯普峰的人。

1982年，魏曼绊了一跤，从此就瘫痪了。此后，他只能在梦中攀岩。但是柯伯努力说服他同行。当然，如果没有柯伯带路，一步一步帮着他往上爬，他绝对不可能完成这一壮举。第七天，柯伯无法把铁栓固定在山顶四周松软的石头上，他的友谊及勇气在此时发挥到了最高点。柯伯知道，如果这时候出丝毫差错，他们两人都可能没命，于是他背起魏曼，一路艰难地爬到终点。

俗话说得好，想要结交好朋友，自己就要先做个好朋友。希望你也能做个像麦克·柯伯那样的好朋友。

"总有一天我要跟你扯平！"这是一句大家常会听到的话，常被人拿来威胁对方，也有人真的说到做到。问题是，如果你只能跟对方"扯平"，就永远也赢不了对方了。

接下来讲一则有关柏林围墙当年的故事。有一天，住在东柏林的人决定送给西柏林人一点"礼物"。他们在大卡车上装满了垃圾、碎瓦砾、损坏的建材，以及许多毫无价值的废物。然后把车子开过边界，得到出关证明之后，一股脑地倒在西柏林。

西柏林人自然很气愤，一心想跟他们"摆平"。幸好有一位智者极力劝阻，提出完全不同的建议。结果，西柏林人也同样装了一卡车东西——都是东柏林视为珍宝的衣物、食品及药物。他们把卡车驶过边界，小心翼翼地卸下货物，并且留下一块干干净净的牌子，上面写着："每个人都按照自己的能力付出。"

西柏林人之所以这么做，是因为他们相信布克·T.华盛顿的一句话："我不愿意让任何人使我恨他，因而侮蔑我的灵魂。"《圣经》上说，以德报怨就是在敌人头上"堆炭火"。在写作《圣经》的时代，在敌人头上堆炭火是上帝所赞许的善行。想想看，东柏林人看到那一卡车迫切需要的物品时，心里会有什么感想？必然是既羞愧又感激吧！

这个故事告诉大家，要以柔克刚，不要以怨报怨，要做个心胸广阔的人。

# 给予越多，得到越多

金克拉曾说："只要帮助很多人得到他们想要的东西，你也能拥有自己想要的一切。"

三市联合医院的鲍伯·普莱斯医生曾讲过这样一个小故事：

二十世纪美国最伟大的成功故事之一，就是金门大桥的建造。这个计划的主要赞助者是梅林区及旧金山市，也就是金门大桥两端的地区。其实，台面下也有两个团体：在桥上工作的人，以及等待有人摔死，以便接替工作的人。

一开始，等待的人无须等待太久，因为金门大桥建造初期并没有安全措施，摔死了二十三个人。但是到了后期，工程公司用了一张安全网，至少有十个人跌落在网上，结果都幸免一死。有趣的是，由于工人可以放心工作，工作效率反而增加了25%，远远超过了那张安全网的价值，这对于工人家属及因此挽回性命的工人，更是莫大的恩赐。

这座桥使两端的城市都得到自己所需要的东西，发挥了极其重要的作用。但是它真正的价值远远超过实际上所付出的代价，因为它提供了千千万万个工人所需要的东西——安全、可靠并且有相当收入的工作。大家也不妨把这一套哲学牢记在心。

许多事情几乎多少都会牵涉到销售或沟通技巧，如果能站在有利的立场——对本身的产品有绝对的信心——来沟通，就会容易得多。同时，掌握一些足以说服对方的技巧，就能影响对方。

杂志《个人销售力》上有这样一篇故事，是说法国的雷诺汽车销售到日本时，日本人要求逐一检查每辆车。反之，日本车销售到法国时，法国人只要求抽样检查。不用说，这样的做法并不公平。

法国总统密特朗并未抱怨，但却要求一一检查日本输入的录影机，并且限定一律由法国南部某港口进口，又指派两名动作缓慢的海关官员彻底检查。要不了多久，码头上的日制录影机立即堆积如山。日本政府很快就意识到，由于他们过去的做法，使两国人民都损失了不少时间与金钱。经过简单的协调，法国的雷诺轿车终于能以较快的速度输入日本，日本的录影机也恢复了正常的进口速度。

显然，双方并没有争吵不休，媒体也没有大做文章。法国人平静地坚守自己的立场，日本人也能迅速改变。双方沟通的技巧很婉转，因此造成了双赢的局面。

美国《读者文摘》上曾刊登了一则有关厄莎·怀特的故事。她相信人生在世，就应该以服务为代价。她的座右铭：每个人的一举一动，都应该随时随地、尽心尽力地为人着想。

厄莎放弃很有前途的歌剧舞台，因为她母亲开设的自助餐店人手不足，她特地去帮忙。她教了十六年书之后，以有限的积蓄开了一家百货店，主要供应非裔美国人。后来，她又开了洗衣店、职业介绍所、不动产经纪公司以及保险公司。她的财产总值超过100万美元，但是大多数都用来做福利。

她一生都在帮助别人，扶助穷困的人，使他们向上，而不是施舍他们救济品。她设立收容所，收容无家可归的人；建慈善医院，医治无亲无故的穷苦病人。另外还设了中途之家，收留未婚妈妈。她还捐了两栋房子做保育院，又把一间电影院改作贫民儿童的休闲场所。她深信《圣经》上的一句话："你们若常在我里面，我的话也常在你们里面，凡你们所愿意的，祈求就给你们。"

她工作非常认真，生活中充满了希望，最后心满意足地死去。如果每个人都能做到她所做的一小部分，对社会的贡献就太大了。为别人付出及服务，那种快乐真是无法比拟，希望诸君也能采取行动，向厄莎·怀特学习，那么成功的路就在眼前。

# 欣赏别人的优点

有人分析100名白手起家的百万富翁。他们年龄从二十一岁到七十余岁，受教育程度由小学到博士不等，其他特点也各异，如有70%来自小镇。但是他们却有一个共同点：无论在任何情况下，他们都能发现别人的优点。

有个小男孩在盛怒之下，大声吼着对母亲说他恨她。因为怕受处罚，他跑到山边对着山谷吼道："我恨你，我恨你，我恨你。"山谷传来回音说："我恨你，我恨你，我恨你。"小男孩大吃一惊，跑回家告诉母亲，山谷里有个坏小孩恨他，母亲带他回到山边，叫他大声喊："我爱你，我爱你。"小男孩照着说，这一回却听到一个好小孩说："我爱你，我爱你。"

生命犹如回音，你送出什么，就回收什么；你在别人身上看到的，其实就存在自己身上。不论什么人、做什么工作，如果你希望在人生各方面都得到最好收获，就必须发掘每个人的优点，在任何情况下都往好处想。

你用什么方式对待别人，别人就会用那种方式对待你。只要有心，一定能找出每个人的优点。一旦找出对方优点，你就会善待他，他的表现也会更好。换句话说，发现他人的长处是好事，也是善良的表现。

发现别人的好处之后，还要记得广为宣扬。有人发现别人的好处之后，往往秘而不宣，但是得州海湾市的市立高中却有着截然不同的做法。1976年10月，在校长葛拉汉的全力支持下，巴瑞·塔克老师发起一项发掘学生优点的活动。一学年中，老师共找出500多名平日不被人注意，但是却积极负责的好孩子，推荐给校方，塔克宣布了活动的结果：第一，许多好学生被发掘出来；第二，学生发现，老师不只特别注意调皮捣蛋的学生，也同样留意好学生；第三，老师知道许多好学生的名，而不只是记得其面孔；第四，学生认同这种鼓励方式，表现得更好；第五，老师必须发掘班上学生的优点。

被通知到办公室见校长的学生，第一个反应通常是"我做错了什么事"，等到知道原因之后，惊讶的表情才化为开心的笑容。

几年前，金克拉与华特·海利相识，华特是来自得州的成功生意人。俩人一见如故，海利和金克拉去参观他的一个杂货批发店。前者从事保险业，想出一个新点子：以杂货批发店为据点，向几千家杂货店推销保险。

当他们走进一家杂货批发店，海利对门口的总机小姐说："你真是个好总机，打电话来的人都觉得你很高兴接到他们的电话。"总机小姐开心地笑着说："谢谢你，海利先生，我一直朝这个方向努力。"

接着，他们走进业务部，海利说："小金，我带你见一个人。"说着就带他走进一间办公室自我介绍之后说："我一直没有机会见你，不过我对你的努力非常了解。自从你接管这部门之后，没有任何人有怨言，这都是你的功劳。"对方笑着回答："谢谢你，海利先生，我只是尽力而为。"

他们上楼之后，看到另一间办公室，海利停下来说："小金，我介绍一位全世界最棒的秘书给你。"然后对秘书小姐说："有件事我一直没告诉你，我夫人认为月亮是你挂到天上的，而且她相信你随时都可以摘下来，所以我要拜托你别把月亮摘下来。"她笑道："很高兴听你这么说。"

接着，他们走进投保部门，海利说："小金，你马上就要见到有史以来最杰出的保险业务员了。"

整个过程只花了不到三分钟的时间，但是华特·海利给他所见到的每个人很大的鼓励，他诚挚的赞美，使员工对工作及公司都更尽心尽力，工作效率必定更高。完全可以想象得到，华特·海利走完这一趟，心情必定很好。使别人产生好的改变，自己也必然会有所收获。

有个五岁的小女孩在教会唱诗歌。她的声音非常美妙，大家都认为她一定会成为大歌唱家。小女孩慢慢长大，越来越多的人邀请她表演。她父母知道应该让她受正式歌唱训练，就送她到一位有名的老师那里学唱歌。那位老师是个完美主义者，只要女孩有丝毫差错，他都会细心指正。由于日久生情，女孩不顾年龄的差距，也不在乎他对她一直批评多于赞美，毅然决定嫁给他。

婚后，他照样指导她唱歌，但是朋友们却觉得她美好自然的声音改变了，变得带有一种紧张的味道，没有过去那种清亮、奔放的特质。邀请她唱歌的人越来越少，后来完全没有人邀请她。再后来，她丈夫过世了，接下来的几年中，她很少唱歌，她的天赋就一直荒废着。直到有一个活力充沛的推销员开始追求她，情况才有了改变。偶尔，她会脱口而出哼上几句，他对她美丽的声音赞不绝口："亲爱的，多唱几首，你的歌喉美极了。"也许他没有她亡夫那么正确的音感，不知道她究竟唱得好不好，但是他的确深爱她的歌声，所以由衷地赞美她。不用说，她的信心恢复了，歌越唱越好，别人又开始邀请她唱歌了。

后来，她嫁给这个能欣赏她优点的人，并且成功地开拓了自己的歌唱事业。有人说赞美只是空话，但是推销员对她的赞美完全是肺腑之言，而正是她最需要的。其实，真诚的赞美是最有效的教学法。也许赞美看似空话，但是就像汽车的车胎需要打气一样，我们也需要赞美，才能顺利地行驶在人生大道上。

纽约市有个商人，在卖铅笔的人面前的杯子里丢下一块钱，就匆匆忙忙走了。但是他转回来走到那个人面前，从杯子里拿了几支铅笔，抱歉地解释道，他在匆忙之间忘了拿铅笔，希望那个人不要介意。又说："你和我一样是生意人，你卖的东西价格很公道。"然后才离开。

几个月后，在一个社交场合，一位衣着整齐的推销员走到那个商人面前自我介绍道："你也许不记得我是谁了，我也不知道你名字，但是我永远都忘不了你，因为你让我重新建立起自尊心。我本来只是个卖铅笔的'乞丐'，直到你出现，告诉我，我也是生意人，我人生才有了转机。"

有个聪明人曾说："很多人都因为别人对他们有信心，表现了出乎自己意料的成就。"你是用什么眼光看待别人呢？我们能给别人最好的东西，不是把自己的财产给他，而是让他了解自己有哪些财富。每个人都拥有惊人的才赋，千方百计地帮助你了解真正的自己，这是成功的第一步。第二步则是了解别人的潜力。了解自己的能力之后，发掘别人的潜力也就不难了。只要找出别人的潜力，就可以帮助他发现自我。

有个人想向银行贷款6000美元开公司，但是遭到拒绝，原因如下：第一，她没有银行指定的抵押品；第二，她没有开公司经验；第三，她离开原先公司是因为和老板意见不合；第四，当时经济并不景气；第五，她是个女人；而且，她认为时间到了就应该付清贷款，而不是等手头方便再结算。

后来，这位玛丽·柯罗理女士和担任左右手的儿子唐恩·卡特极力推广一项新作风——雇用残障人士。在这些客观条件之下，他们的生意十分兴隆，订单多得几乎应接不暇。每年10月10日，家庭装饰礼品公司都要休息一天，让工作人员喘口气，继续为圣诞节的业务提供更好的服务。

玛丽·柯罗理当时一共向三家银行申请贷款，其中两家拒绝，只有一家批准。事实证明，准许她贷款的公司押对了宝。玛丽·柯罗理能够善用成功的所有原则，成为销售界的楷模。她创业的信念是唯有坚信勤勉及机会均等，事业才能长久发展。身为女人，玛丽深切体会到偏见及歧视所造成的伤害，因此她绝不容许自己的公司有这种情形发生。

玛丽·柯罗理从1957年12月创业至今，一直非常成功，原因非常简单，她的信仰坚定不移，她深信"一个信仰坚定的人，力量比得上九十九个空有兴趣的人"。她认为人人都有无穷的潜力，所以尽量给予他们机会，让他们得到成长，发展业绩。她也相信，只要处处照顾员工，他们也会同样回报公司。从任何方面而言，玛丽·柯罗理都是个"富有"的女人，但是她的富有不在于财富，而是因为她永远都可以为他人付出。

玛丽在她的大作中说：凡事要从大处着眼。她在书中的名言有："最不值得爱的人，往往最需要别人的关爱。""忧虑是想象力的误用。""即使我们把碎成一片片的心交给上帝，他也会替我们修补好。""不要老是杞人忧天，要想想怎么做会更好。""可以放手去做，但是千万不要放弃。""要让心里充满爱，不要让头脑充满垃圾。""我喜欢上帝的数学：分享的快乐是加倍的快乐。""做个有用的人——上帝不会平白无故造出无用的人。"

玛丽·柯罗理和她的公司并非始终一帆风顺，他们也曾流过许多血汗及眼泪，但却从来不缺少最重要东西——充足的爱、信心、热诚、决心及努力工作。有了这些，就能拥有人生一切美好的事物了。玛丽的故事足以证明，只要能帮助许多人得到他们想要的东西，就能得到你想要的东西。

罗森索博士曾在哈佛大学指导实验，实验的对象包括三组学生和三组老鼠，他告诉第一组学生说："你们很幸运，要和一群天才老鼠一起做实验。这群老鼠天分很高，非常聪明，很快就会走出迷宫，吃很多吐司，所以你们要多买些吐司。"

他告诉第二组说："你们这组的老鼠资质平庸，不太聪明，也不太笨。最后会走出迷宫，吃到吐司，但是不要期望太高。它们资质中等，所以也只有中等的表现。"

最后，他告诉第三组学生："你们这组的老鼠非常差劲。即使能走出迷宫，也只是碰运气。它们真的非常愚笨，所以表现一定很差。我实在不知道有没有需要买吐司，干脆在迷宫出口写上'吐司'两个字就够了。"

接下来的六个星期，学生们完全依照正确的科学条件操作实验。天才老鼠表现得像天才一样，很快就走到迷宫出口。资质平庸的老鼠——谁能对资质平庸的老鼠抱多大期望呢？它们虽然走到出口，速度却不快。至于那些白痴老鼠，实在很可悲，好不容易走到出口，也显然是意外。

有趣的是，这些老鼠根本没有智愚之分，全都是同一窝生出来的。它们的表现不同完全是因为操作实验的学生态度不同。换句说话，因为学生认为各组老鼠不一样，用不同的态度对待它们，所以结果也不相同。这些学生不了解老鼠的语言，但是却会受到老鼠的态度影响，因为态度是世界共通的语言。

# 学会尊重他人

一个人学会为别人祝福是非常重要的。当你为别人祝福的时候，你就在调整自己的心态，改变对别人的态度。此时，你和别人的关系就上升到了一个新的高度。当你向别人流露出美好的感情的时候，别人也会向你流露出美好的感情。当这种美好的感情彼此相遇并且融合在一起时，一个更高层次的相互信任、相互理解也就建立起来了。

尊重别人，别人也会尊重你；喜欢别人，别人也会喜欢你。让别人喜欢你，实际上就是你喜欢别人的另一个方面。有时因为彼此观点不同，喜欢某个人就变得格外困难。这是很自然的事。有的人生性就比别人更惹人喜爱。要记住，每一个人确实都有他值得被尊重，甚至可爱的品性。

一个人必须有自我克制的能力，对和自己打交道的人千万不要表示出不耐烦。对某些人，你可能特别不喜欢，甚至是特别的讨厌。但是，你不要情绪冲动，只要你冷静一点，尽可能地把这位令你生气的人的优点、他的过人之处列举出来，你就会克制自己的情绪。如果你每天力图列举一点，久而久之，你就会惊奇地发现，你原来以为你不喜欢的那个人竟然会有那么多值得喜爱的品质。发现了他的可爱之处后，你就会突然觉得自己没有理由讨厌他。当然，在你对别人有这些新发现的过程中，别人也对你有许多新发现，也会发现你的许多可爱的品质。

如果你已经人到中年，还没有建立起和谐的人际关系，你不要认为一切都不可改变，你应该采取明确的步骤去解决这一问题。只要你愿意为此付出努力，你完全可以改变自己，成为一个知名度很高、受人喜爱、受人尊敬的人。或许可以用下面这句话来让大家共同警醒：一个人的最大悲剧是用一生的时间来为自己的过错掩饰和开脱。我们本来做错了，却还要辩护，文过饰非，死不认账，死不改悔。就像一台电唱机上放了一张有缺陷的唱片，当电唱机的指针陷入唱片的凹槽时，它会反复播放同一音调。你必须把指针从唱片的凹槽中拿出，这样，你就不会再听到不和谐的音调，而会听到旋律优美的歌曲。不要再浪费时间去为你在人际关系方面的失误做辩解，而要把这些时间用于完善自身的性格，去赢得别人的友谊。

赢得别人喜爱的一个重要因素，就是要在人际交往中尊重他人。

人格，对每个人来说，都是最重要、最宝贵的。对每一个人来说，他都有这样一个愿望，那就是使自己的自尊心得到满足，使自己被了解、被尊重、被赏识。如果我不尊重你的人格，使你的自尊心受到了伤害，当时，你或许会一笑了之，即使你当时对我很友善，但是，如果你不是一个境界极高的人，你以后是不会很喜欢我的。

如果我满足了你的自尊心，使你有一种自身价值得到实现的感觉，那么，这表明我很尊重你的人格。我帮助你获得了自我价值，你也会为我所做的一切表示感激。你对我有一种感激之情。你会因此而喜欢我。

在一群人当中，某个人讲了一个笑话。除了你之外，在场的每一个人都大笑不已。当人们的笑声停止后，你神气十足地说："哦，这是一个很有趣的笑话，上个月我就在一个杂志上看到过。"

应该承认，让别人知道你知识广博，是十分重要的。但是，在这种场合下，你说这么一句话，那个讲笑话的人会是一种什么感觉呢？你是否设身处地地为别人着想了呢？他在讲完一个有趣的笑话后所获得的满足感，全部被你剥夺了。你当众羞辱了他，而把众人的注意力转移到你的身上。

记住，你自己的行为正是别人应该怎样对待你的样板。如果你把它作为生活原则，那么你也就能维护自己的尊严和独立的人格，无形中增强了自信。你喜爱别人，你能看到别人身上的潜力，你就会尊重别人的人格。做到了这一点，你的朋友就会遍天下。对别人友善，他们也就会尊重你，同样会用真情来回报你。

可以试用以下几条实用的原则和方法，帮你赢得别人的尊重。

第一，要记住别人名字。如果你总是记不住别人名字，说明你没有在改善人际关系方面做出很大努力。对每一个人来说，他的名字是很重要的。

第二，做一个平易近人的人，这样，和你打交道的人就不会感到紧张。要让别人感到轻松自如，就像在自己家里一样。

第三，要放弃自我。千万注意不要给人你什么都懂的印象。对待别人要自然大方，并且要谦虚谨慎。

第四，要养成幽默风趣的个性，这样，别人和你在一起才有乐趣，才能在和你打交道的过程中得到提高。

第五，要研究你性格的"弱点"，了解自己的短处。

第六，要诚实、正直，尽可能地消除你曾经或现在对别人的误解。

第七，努力去喜欢别人，直到你真诚地喜欢别人。

第八，对每一个人所取得的成就，都要真诚地表示祝贺。同样地，对那些遭受苦难的人或灰心丧气的人要有同情心。

# 爱能给予它所拥有的

请问：如果你是父亲（母亲），你的子女属于哪一类型？如果你是推销员，你会向什么客户推销？如果你是推销主管，手下有些什么推销员？如果你是医生，你的病人属于哪一类型？如果你是雇主，雇用什么样的员工？如果你是丈夫，妻子是哪一类型？如果你是妻子，丈夫是哪一类型？

有人也许会说："你一会儿谈老鼠，一会儿又谈我的孩子、妻子（丈夫）或客户，能不能说清楚一点？"从这个问题可以很明显地看出，你的态度在影响着你周围人物的态度。大家再看另一个在某小学所做的实验。

实验者告诉第一位老师："你运气真好，这一班学生聪明绝顶，你连问题都还没提出，他们就已经说出答案了。但是要提醒你一下，就因为他们太聪明了，很可能会戏弄你。有些学生很懒，就会说服你少留一点作业，千万别听他们的。你留你的作业，他们一定会乖乖做完的。还有一些学生会说：'老师，作业太难了。'你也不必挂怀，只要你给他们信心、爱心、规律，真正关心他们，他们一定能解决难题。"

实验者告诉第二位老师："你教的学生资质平庸，不算聪明，也不太愚笨，他们的智商和能力都属于中等，表现也必然普普通通。"

不用说，天才学生表现得当然比普通学生优秀。经过一年之后，天才学生竟然比一般学生进度整整超前一年。相信，即使你不是天才，也可以猜到这个结局，事实上这些学生全都是普普通通的一般学生，根本没有资优生，唯一的差别就在于老师的态度。老师把一般学生当成天才，期望他们表现得像天才一样，他们果然没有辜负老师的期望。换句话说，你用什么方式看某人，就会用那种方式对待他，结果他就会表现得那样。

再问你另外一个问题：刚才这五分钟里，你的孩子有没有变得更聪明？你公司的推销员、员工、同事有没有变得更有效率、更聪明、更专业？你的妻子有没有变得更漂亮、更有趣？或者你的丈夫有没有长得更英俊呢？如果你的答案是没有，劝你再翻到前面几页，重读一遍，因为你并没有抓到要点，你的家人、朋友及同事也要面对一个问题——你。

有一句话可以表达这个观念："用平凡的眼光去看一个人，他的表现会低于天赋。用赞叹的眼光去看一个人，他的表现会令你喜出望外。"如果在你看这段文字时，你的孩子突然变聪明了，或者你的丈夫（妻子）、同事进步了，在此要说："恭喜你，因为真正进步的人是你。"

加州大学洛杉矶分校的前任球队教练约翰·伍登，注重球员的整体发展，不但要求他们的球技，也注重他们的德行。球员在他的教导下，互助合作、彼此关怀，具有浓厚的团队精神，只要是与球队有关的事，都会全力以赴。他的球队曾经在十二场全国大赛中获得十次冠军，他带领球队的方法毋庸置疑。令人意外的是，这位常胜将军并不认为赢球是最重要的事，甚至从未向球员提起赢球这回事，只强调"全力以赴"的观念。他认为只有未曾尽力的球员才应该感到遗憾。

文斯·隆巴第担任绿湾足球队的教练时，某次练球极不理想，隆巴第就把一名高大的后卫换下场，叫到一旁说："你是个差劲的球员，既不会攻，又不会守。今天不用再打了，去冲澡吧。"大个子低头走进更衣室。

四十五分钟后，隆巴第发现那个后卫还穿着球衣，坐在更衣室里哭泣。他走过去用一贯的亲切态度搭着球员的肩膀说："孩子，我的话还没说完。虽然你是个差劲的足球队员，但却具有无比的潜力。我一定要不断开导你，把你的真本事激发出来。"这番话使杰利·柯拉谟也就是那个后卫大受鼓舞，后来被获选为职业足球前五十年中最杰出的球员之一。

这就是隆巴第的长处，他可以看出连球员自己都未曾发现的优点，鼓励他们发挥所长。在他的领导下，绿湾队连续三年获得世界足球冠军。

后来隆巴第跳槽到华盛顿队，也以同样的作风带出许多杰出的球员。

多年前，波士顿郊外一所精神病院，把一个叫安妮的小女孩锁在地牢里。这所精神病院的作风一向比较开明，但是医生仍然认为"无药可救"的病人只能关在地牢里。他们认为小安妮没有希望，所以就把她囚禁在地牢里。精神病院里有位即将退休的老护士，认为凡是上帝子民都永远有希望，于是每天到小安妮地牢门口吃午餐，希望能给小女孩一些爱与希望。

小安妮在许多方面都类似野兽，有时候会凶猛地攻击靠近她的人，有时候根本对人视若无睹。老护士刚开始去看她时，她仿佛丝毫没有注意到她的存在。有一天，老护士放了一些饼干在地牢门口外，小安妮似乎视而不见。但是护士第二天去看她时，饼干却不见了。从此，老护士每到星期四就会带饼干给她。不久，院里的医生发现小安妮有了改变。又过了一段时间，他们决定把小安妮移到楼上。最后，这个原本"无可救药的个案"竟然可以回家了。不过，小安妮对这个地方具有极深厚的感情，觉得自己应该留下来服务其他患者，就像老护士过去给她的帮助一样。

多年后，英国的维多利亚女王为海伦·凯勒挂上英国给外国人的最高荣誉勋章时，问道："请告诉大家，你既聋又瞎，为什么却会有如此大的成就呢？"海伦·凯勒毫不迟疑地说，如果没有安·沙利文（即小安妮），绝对不可能有今日的海伦·凯勒。

许多人都不知道，海伦·凯勒原本是个正常、健康的孩子，后来被一场不知名的怪病改变了她的一生。安·沙利文认为海伦·凯勒是神的特殊子民，并且依照这个观念照顾她、爱她、教导她、陪她玩、陪她祈祷，不断推动她前进，点燃了她生命的火花，为她照亮了人生的路途。不错，海伦·凯勒先受了"小安妮"的启发，日后才影响了世上千千万万的人。

多年前，西弗吉尼亚州有一位老人站在河边，等待渡河。天气很冷，又没有桥或渡船，只好等有人过河时顺便过去。等待了许久，终于来了一群骑马的人。老人眼看着第一个人过河，接着是第二个、第三个……最后，只剩下一名骑士。他骑过老人面前时，老人看着他的眼睛说："先生，可不可以请你顺便载我过河？"

骑士毫不迟疑地说："当然可以，上来吧！"过河之后，老人下了马，骑士问他："先生，为什么你刚才没有请前面几位载你过河，偏偏选中了我呢？"

老人安详地回答："我发现他们的眼神中没有丝毫的爱，知道开口也没有用。但是我从你的眼神里看到同情、爱及乐于助人的心意，就知道你一定愿意载我过河。"

骑士很谦虚地说："非常谢谢你这么说。"这个骑士叫汤姆斯·杰弗逊，美国第三任总统。

眼睛是心灵之窗，老人果真从杰弗逊总统眼睛看到了他的心灵。想想看，如果你是最后一位骑士，老人会开口请你载他过河吗？哈维·菲尔史东说得好："能够付出最美好的自我，就能得到同样美好的回报。"

德拉格夫妇因为有无比的勇气、信念及坚定的信仰，并且不懈努力，因此能够解决生活中许许多多的问题，现在来品味一下他们的故事吧。

德拉格原来是收入不错的泥水匠，有三个小孩，不幸突然得了小儿麻痹症。他勇敢地挣扎、奋斗了四年半，成为一家大工厂的老板，每年营业额高达800万美元。

德拉格患小儿麻痹症之后，用尽了家中的积蓄，德拉格太太只好出外工作。每天十小时的工作使她精疲力竭，又无法照顾家人，但是她很快就爱上了这一行，全身心地投入。她发现服装销售工作既有趣又利润丰厚，也渐渐能够配合家人安排工作进度，不再像以往那样，必须让家人来配合工作。不久，她发现许多人也有和她类似的问题，于是伸出援手，给予他们工作机会，终于使她的公司网络遍及全美国。

德拉格夫妇之所以有今日的成就，是因为他们能发现别人的需要，并且尽力帮助别人。如果你也能像他们一样尽力帮助别人，必然会得到极大的回报。有一个人到天堂和地狱参观，以便决定身后所归。魔鬼得到优先带他参观的机会，所以他首先参观地狱。第一眼看到的景象令他非常意外，所有人都坐在餐桌前，桌上摆满了各种山珍海味。

他仔细一看，发现每个人脸上都没有丝毫笑容，也没有一般盛宴的音乐或欢乐气氛。每个人都有气无力、骨瘦如柴。他们左手臂绑着叉子，右手臂绑着刀子。因为无法进食，所以每个人都只能挨饿。

接下来到天堂参观，这里的景象和地狱如出一辙——同样的食物、同样的刀叉。但是天堂里却充满了欢笑，显然非常愉快，个个红光满面、精神抖擞。原来，地狱里的每个人都只想到喂自己，但是刀叉绑在手臂上，没办法自己进食。而天堂里的人用自己的刀叉喂对面的人，也让对面的人喂自己。换句话说，帮助别人也就帮助了自己。

# 试着向上看

凯罗·法默是个不快乐的教师。担任两学期教职之后，她发现自己不适合教育界。虽说她投入了无数的时间及精力，仍然觉得这个职业不适合她。但是她能做什么呢？她一直梦想当设计师，因此决心把设计师当成努力的目标。她预定的目标中，包括做设计工作的第一年必须比教书的收入多。她教书第一年的收入是5000美元，担任设计师第一年赚了5012美元，果然如愿地达成了目标。

后来，她接受了一位客户提供的工作，年收入22000美元，是第一份工作的四倍还多。再后来，又有人出价35000美元聘请她，但是她拒绝了，因为她的梦想又扩大了——她想成立自己的公司。开业第一年，她赚了10万美元——是第一份工作的二十倍，是前一年收入的将近五倍。

1976年，凯罗·法默成立杜迪公司。接下来三年，收入在1500万美元以上，员工由6个人增加到200人。她的信誉广受好评。

有人常把障碍视为障碍，而不是转机。凯罗——以及大多数成功人士——却在小心评估之后，大胆地去冒险（这得有勇气才能踏出第一步，有恒心才能持续下去，有毅力才能坚持到底）。小心评估，大胆冒险的确有它的好处，但这可不是赌博。能够成功的人绝不会盲目冒险，他们一定会像凯罗一样先权衡轻重。希望各位读者也能像凯罗·法默一样，用创意去面对困难。

19世纪，一个有钱人家的男孩和一个穷孩子是邻居。有钱人家的男孩穿着漂亮的衣服，住着大房子，有吃不完的好东西。穷男孩衣衫褴褛，住着破旧的房子，经常挨饿。有一天，两个孩子大打出手，最后，有钱人家的男孩赢了。穷孩子拍拍身上的土说："如果我像他一样吃得那么好，赢的人一定是我。"说完转身就走了。有钱人的孩子一动不动地呆立着，穷孩子的话伤了他的心，因为他知道这的确是事实。

此后，有钱人的孩子始终忘不了这件事，从这一天起，他拒绝接受任何有钱人的特殊待遇。他故意穿廉价的衣服，忍受穷人的艰苦，他的衣着经常让家人感到难堪，无论有多大的压力，这孩子都再也不肯享受任何财富所带来的特权。

历史上没有记载这个穷孩子名字，但是这个以"为穷人服务"为职业的有钱人家孩子却名留青史，成为举世闻名的医生，他就是史怀哲医生。

并不是说每个人都像史怀哲医生一样无私，但各位应深信，每个人都应该多为别人着想。能像他那样以简朴生活为荣的人，是很少的。

传统技艺大师一向都把自己的绝活传给儿子，儿子又传给孙子。一位鞋匠正在传授手艺给九岁的儿子，不幸从桌上掉下一把钻子。由于医学不发达，治疗不当，这孩子最后竟然双眼失明。

父亲把他送到启明学校去就读。当时，盲人必须借着刻在大木板上的字来认字。那些木板既笨重又不好处理，而且要花很多时间学习。鞋匠儿子对于被动地识字并不满足，一心想找出更好、更简便的方法。几年后，他终于发明了一种新的盲文阅读法，就是在纸上敲打出不同的点，代表不同的字。他所用工具就是当年使他失明的钻子。他叫作路易·布瑞尔。

其实，一个人的遭遇并不重要，重要的是处理问题的态度及方法。美国前总统里根曾说过一段话："自从我到白宫之后，多装了助听器，得了皮肤癌，动了手术，还被人开了一枪。"他停了一会儿，又接着说："这是我一生中最美好的时光。"相信你一定同意，这种态度远比对不幸的遭遇唉声叹气有更好的作用。建议你也试着用这种态度面对人生。海伦·凯勒说得好："如果向外看不如意，不妨试着向上看，绝对美好。"

# 第四章　生活的好坏由你决定

对于同一件事，不同的人去处理或用不同的
方式去处理，所得的结果截然不同。也可以说，
人际关系在个人成功中起着不可低估的作用。我
们要学会帮助别人、尊重别人，这样就会有快乐
美好的生活。

# 有效的沟通从尊重开始

翻开《美国英语辞典》查阅"尊严"（dignity）的意义。上面这么写着："真正的荣誉；高贵的心灵；深知礼仪、真理及正义，厌恶卑劣、罪恶的行为，是一种提升；可敬的地位或提升的阶级；在自然界中或人类社会中具有极高的地位。"

给予孩子尊严的父母或老师，能够建立孩子的自尊自重，使孩子表现得更好，行为也更得体；能够尊重下属，给予他们尊严的主管，必然能使下属忠心耿耿，工作效率提高。

什么是给予别人尊严呢？就是不论对方年纪大小，都能礼貌地听对方说话，并且郑重地回答。对于任何职业、性别、种族、宗教或肤色，都一视同仁。用尊重的态度对待别人，重视别人的尊严，你也会拥有更多自尊及尊严。

现在市场上有关领导及管理的书籍、议题及文章五花八门，不胜枚举。领导和管理的作用虽然不同，但是领导者不能不对管理多加涉猎，管理者也必须懂得领导的技巧。美国98%的公司，员工都在百人以下，其中大多数更是少于五十人。也就是说，管理及领导的责任通常都落在同一个人的身上。所以每个人对于领导及管理都必须有所了解。

在企业界，管理者通常站在第一线，事必躬亲。他必须有效地处理下属的问题，使该做的事都能及时而有效地完成。总之，领导者必须鼓励管理者，管理者则必须尽力推动领导者的计划。

身为整个组织的领导者，经常带着光环。反之，管理者每天都必须与其他人沟通，必要时还要抬出纪律。因此，领导者必须大力支持管理者，部属才能明白整体政策。领导者还要了解，他对待管理者的态度，就是管理者对待员工以及员工对待客户态度的榜样。

最理想的情况，是领导者能够使管理者更有效率，而管理者也能使领导者更有效率，领导者赋予管理者责任之外，也要给予权威、支持及鼓励。可以说，领导者是鼓励的源泉，能够点燃他人的希望之火。如果你希望有朝一日登上领导者地位，就应该遵循这个理念。

有一句古话说："有可能被误解的事，就一定会被误解。"19世纪初期，密西西比州康顿市议会就通过一则令人费解又无法实现的议案："第一条：本会决定建造一座新监狱。第二条：新监狱应以旧监狱的材料建造。第三条：旧监狱应使用到新监狱建造完成为止。"

从许多方面来看，有效的沟通始终彼此尊重，并且能鼓励或教导别人尽力而为。尊重别人，就不会对别人粗鲁无礼。尊重别人，别人就会乐于主动合作，会心甘情愿。受到尊重的人，会更努力工作，表现出自己更好的一面，精益求精。

如果员工喜欢主管，工作会更认真。如果不喜欢，也许会为了保住饭碗敷衍了事地完成工作，但绝不会拿出所有本事。他们也许会基于职责，恰如其分地做完分内的事。但是如果有爱心做基础，有人鼓励，工作一定会做得更完美。主管如果真心喜欢及尊重员工，并且言行一致，员工会因为这种和谐的关系及对你的信心，而有截然不同的表现。

沟通不是一种容易学习的技巧，首先必须学会认真听别人所说的话。用尊重的态度倾听别人说话，一定会学到一些事，让你变得更好、更不一样。由于彼此能够和谐相处，工作就会更完美。记住这一点，更要身体力行。

# 操纵别人等于毁灭自己

有人说，如果你用了一个比自己聪明的人，就证明你比他更聪明。这个道理可以推广到任何方面。销售经理应该千方百计雇用比自己更善于推销的人，彼此共享资讯，提高整体的工作效率。不断从推销员身上学习，可以使自己永远领先他们一步。教练做事的原则也是同样道理。理想的总教练会找一个比自己更了解专业领域的助教。同样地，制造业、工程业、建筑业及任何其他行业，也是这个道理。

多年前，劳伦斯·魏克聘用了一位叫麦隆·弗罗伦的手风琴师，他是众所周知的顶尖高手。魏克把这件事告诉经纪人时，对方怒不可遏，认为交响乐团中有一位手风琴师就绰绰有余了。魏克只是坚定地报以一笑，表示自己的心意不会改变。稍后，经纪人初次听完麦隆与劳伦斯·魏克在交响乐团中共同演奏，他告诉魏克说，那位新来的手风琴师比他的技巧高超。劳伦斯·魏克信心十足地笑道："我只聘请技巧高超的音乐家。"这才是最好的成功之道。魏克和他的"香槟音乐"受到乐迷整整四十年的喜爱，这也是主要原因之一。一心一意地把最好的音乐奉献给观众，当然能够经久不衰。

每一个人都可以从别人的知识及才华中获益。不要因为看到别人一大堆成功的头衔而却步，也不要因为别人的成就不如你而沾沾自喜。要从他们身上取长补短，使自己变得更好。

"诱导"和"操纵"的意思常常会被混淆。所谓"诱导"，就是说服别人做对本身有益的事。例如叫别人做功课、负起应有的责任，以及完成学业，都是诱导的行为。"操纵"则是说服他人为你的利益做事，如以高价出售次等货、叫别人加班却不付加班费，等等。

喜欢操纵别人的人，无异于在自我毁灭。因为别人会把消息传开，越来越多的人会不理操纵者，生产效率就会越来越差。

诱导和操纵所造成的最大差异，在于当事人的动机，诱导能使人基于自由选择和意愿而采取行动；操纵的结果只会使人很不情愿地依样画葫芦。前者合乎道德而且能够持久，后者则既不道德又效果短暂。

汤姆斯·卡里索说："大人物之所以伟大，是因为他对小老百姓在内的任何人都一视同仁。"一个人给予别人什么评价，就决定了本身究竟是诱导者或操纵者。诱导是为了共同利益而往前迈进，操纵则是说服甚至略施压力让别人去做某件事，结果自己获利，别人却蒙受损失。用诱导的方式，结果皆大欢喜；用操纵的方式，只有操纵者赢得好处。

善于领导及诱导的人是赢家，喜欢操纵别人的人只会制造仇恨及不和谐。应该学会领导，善于诱导，千万不要操纵别人。

《财富》杂志上刊登了一篇有关香港富豪李嘉诚的文章。他的两位公子一直都在父亲的公司上班，参加各种会议，学习父亲的经营哲学。

不用说，大富人家和一般人教育子女的方法当然有所不同。譬如说，如果一个九岁孩子平常所见到的，都是大把钞票的进出，应如何告诉他不能花250美元给他买脚踏车，因为太贵了？李嘉诚认识到，问题不是要不要为孩子花钱，而是要给予他们正确的价值观。因此，他特别留意孩子用钱的方式，不让他们养成浪费的习惯。传统上，在豪富家庭长大的孩子（不包括致富不久的体育明星或演艺人员），都受过家长对金钱方面的限制。

最令儿子不解的是他父亲——真正的企业天才——与许多有才华却没有资本的人冒险合作的方式：如果投资的合理利润是10%，甚至可以争取到11%，李嘉诚却只取9%。他告诉儿子，如果他拿的利润低于应得的比率，一定会有更多具有好点子、好产品，但缺乏资金的人来找他。这么一来，他原本只能做一笔大生意，结果却可以做无数笔总利润远超过前者的生意。这就是聪明。

山姆·华登可说是个受人尊崇的企业家。

许多人在文章中都谈到他非凡的成就，但是正如山姆自己所说的："一个人之所以成功，是因为他能找出最好的人才，加以吸收、培训。"他又强调："我们是在一个以人为本的企业社会。"他说得丝毫没错，不论我们从事哪一行，都必须有"人"才能启动，所以说我们都在以人为本的企业中。山姆还有一项独到的眼光，并且不遗余力地去推行，就是以最优惠的价格，把最好的产品提供给最多数的人。他不怕任何艰难险阻，当时其他大企业视之为畏途的偏远小镇，他也勇敢领军前往开辟。

山姆勇于创新，他以所有可用的高科技，引进各种新方法及程序。他以卫星方式通信，并且每周召集主管开会，听取他们的报告，同时把公司准备采用的新产品告诉他们。他给予主管普通员工的薪水，比大多数公司都低，但是他给予他们及所有员工认购公司股份的机会，许多人因此成了小富翁。他说他很早就发现，只要能使别人发财，自己也会发财。

他的这一套做法颇值得我们学习，相信对大多数人也必定有效。

# 需要鼓励还是命令

哈基姆·奥拉朱旺是休斯敦火箭队——1994年和1995年世界篮球赛冠军队——的灵魂人物。前一年，他们初次打败纽约尼克队，获得冠军。哈基姆知道身为队长，责任比任何人都重，他知道自己有一个弱点——禁区外投篮。他年薪数百万美元，已经连续打了六年职篮，当然是个顶尖高手。但是，他知道如果不努力改善自己禁区外投篮的技巧，就永远也得不到世界赛的冠军。

1993—1994年的球季开始之前，他每天到球场练习禁区外投篮，足足练了五百次之多，他的体力、耐力及球技都有惊人的进步。1994年，休斯敦火箭队在打败纽约尼克队的七场球赛中，只有一场的比数相差五分以上。从事后的检讨中发现，如果哈基姆没有极力改善禁区外投篮技巧，休斯敦火箭队绝对无法打败纽约尼克队。

想想看：由于哈基姆锲而不舍的努力，使休斯敦队荣获冠军，队友是不是会对他另眼相看呢？得到世界赛冠军的那一刻，哈基姆是不是会感到欣喜若狂呢？哈基姆再度签约时，年薪为什么会大幅提升呢？

事实上，只要我们尽力帮助许多人得到他们想要的东西，也必能得到自己想要的东西。哈基姆帮助队友获得世界赛的冠军，也满足了球迷的愿望。由于他苦练出来的一流球技，也使他荣得"最有价值的球员"的称号。

接下来要谈金克拉的一件糗事。他有三个女儿，老二五岁左右，大家都知道老二一向问题最多，因为老二不像老大那么有安全感及独立性，又不像老幺那么得宠。在亲朋好友的再三强调之下，他们也认定了老二必定和别的孩子不一样。

其实，孩子是愿意合作的。如果父母认为老二会不一样，就会用不一样的态度对待他，于是老二就会合作，表现得不一样。至于是"好的不一样"还是"坏的不一样"，就看你用什么态度对待孩子了。

对于老二，他们采取的是典型对待老二的态度，经常说："辛蒂为什么老是爱哭？为什么她和姊姊、妹妹不一样？""她为什么不能快乐一点？高兴一点？"辛蒂要是老是哭哭啼啼、闹脾气、发牢骚，就和他们指责她的一样，其实她本来不是这样，都是金克拉夫妇造成她"不一样"的。

后来，他们家开始研究头脑运作的方式，最后终于体会到《圣经》上所说的"种瓜得瓜，种豆得豆"的道理。也就是说，老是给孩子消极、负面的批评，绝对不可能让他变得积极、乐观。

此后，他们对孩子的态度有了很大的改变，每次有客人来访，金克拉夫妇都会特别介绍辛蒂："这是一个人见人爱的小女孩，因为老是笑眯眯的，非常快乐。来，宝贝，告诉叔叔你叫什么名字？"辛蒂就会露出缺了两颗门牙地微笑说："我叫小蝌蚪。"

仅仅一个月后，就发生了任何父母亲都会感到很开心的事。有一天，有朋友去金克拉家里玩，他们又照常把辛蒂喊过来说："这是我们人见人爱的女儿。宝贝，告诉客人你叫什么名字？"她拉着金克拉的袖子说："爸爸，我的名字改了。"金克拉讶异地问："喔？你现在叫什么名字？"她开心地笑道："我叫快乐的小蝌蚪。"

朋友们都非常好奇，想知道辛蒂为什么变得不一样了。答案很简单，身为父母的金克拉夫妇把她当快乐的孩子看待，她就真的变成快乐的孩子，所以他们现在都叫她"小甜甜"。

总之，我们对待别人的方式完全取决于"看"他的眼光，因此我们一定要学着用正确的眼光去"看"别人，去鼓励他们。

　　多年前，金克拉家住在乔治亚州石头山。有一天，一个从事保险业的朋友带着三岁、五岁及七岁的三个女儿来看他。三个小女孩穿着漂亮的衣服，像洋娃娃一样。他竟然这么介绍三个女儿："这个是不肯吃饭的小孩，这个是不听妈妈话的小孩，这个是最爱哭的小孩。"

　　金克拉相信这个朋友深爱他的三个女儿，他抚摸她们、陪她们玩时，脸上和眼里充满了父爱。不幸的是，他却处处用消极的眼光看待她们。他心里一定对于有"不肯吃饭""不听妈妈话""最爱哭"的女儿感到遗憾，但却不知道原因何在。事实上，正如前面所说的"种瓜得瓜、种豆得豆"，他用那种眼光"看"女儿，就用那种态度对待她们。因此，父母一定要用正确的眼光看待子女，才能让子女积极地成长。

　　琳达·以萨克的亲友、师长都认为她是个智能不足的"侏儒"，所以就用这种方式对待她。启智班老师认为她根本不能学习，所以没有教她什么，只是让她一直升级，直到高中"毕业"。这个黑人女孩身高四英尺，体重八十磅，文化水平很低，根本没有任何谋生本领。后来，母亲送她到达拉斯，参加一个为期三周的职业训练。复健中心的老师在她心中播下了不同的种子。由于表现优良，她被派到工业职训中心任职。目前，她负责接电话、打卡、检查每天的进度等工作。"新的"待遇使她自信大增，人格也有了改变。她加入"美国侏儒协会"，希望成为秘书。她热爱生命及工作，由于自我形象健康，所以再也不介意别人叫她"矮冬瓜"了。

　　琳达的故事虽然以喜剧收场，但是谁知道有多少人因为别人用不当的眼光看他们对待他们，以致一生庸庸碌碌呢？

　　即使上了大学，许多学生的发展仍然受到压制，因为某些自大的教授神气活现地告诉学生，他每学期都会刷掉一定比例的学生，而且没有人能拿到A。这些教授显然从未想到，他们故作严厉可能是用来掩饰本身能力的不足。也许，这位教授应该多充实自己，再告诉学生他是个非常好的老师，很多学生都会得到A，而且只要上他的课，都一定有收获。不要误会，这并不是要老师盲目地夸奖学生，这无异于是残害学生。

# "后见之明"的益处

玫琳·凯化妆品公司的董事长玫琳·凯（Mary Kay），很善于发掘他人的长处及潜能。起初她在史坦利家庭用品公司上班，有两个孩子要抚养，待遇又不高，但是她看到其他女职员都做得很好，相信自己也总有一天会扬眉吐气，于是更卖力地工作。

不久，公司在达拉斯举行全国性的会议。玫琳·凯向人借了十二美元支付交通及住宿费，连续三天都只能用吐司及饼干果腹。不过这次会议令她茅塞顿开。会议的最后一天晚上，史坦利先生把"销售皇后"的皇冠颁给一个高挑的褐发女郎时，玛丽便下定决心走自己的成功之路。

临行之前，大家列队与史坦利先生握手道别，玛丽直视他的眼睛说："史坦利先生，虽然你今晚还不认识我，但是明年的今晚你一定会认识我，因为我将会是明年的销售皇后。"史坦利先生并没有随口敷衍她，他从玫琳的眼中看到不一样的东西。他也凝视着她的眼睛，握着她的手说："我相信你一定能做到。"她果真做到了。后来，她在这家公司及其他公司都有相当出色的表现。

后来，她决定"退休"了，她花了一个月，每天工作十二小时，经过一番整理，列出曾经服务过的公司的优点，又写出她认为妇女想在销售界出人头地的必备条件，最后还写出她想做的事、想拥有的东西。经过这一番评估，她决定好好利用她在每个女人身上所看到的美与能力，成立自己的公司。她觉得帮助一个人发现及发挥本身的特色，要比给他任何东西都重要。

玫琳认为女性也能赚大钱，过优裕的生活，开卡迪拉克轿车。1963年8月，玫琳·凯化妆品公司秉着无限的信心，以有限的资金开始营业。年底前，公司的营业额就已达到了6万美元。1976年，玫琳·凯化妆品公司卖出了8800万美元的化妆品。

玫琳的成功有许多原因，但是最重要的原因是人们从她身上可以"看"到与别人不一样的东西。由于她能用正确的眼光去看事物，所以这种特质能持续成长，她告诉员工，家庭第一，公司第二。她也在自己的员工身上"看"到无限的潜力，适当地加以利用。结果，全美各地果真有许许多多人才，开着卡迪拉克轿车为她的公司效命。

"后见之明"有两个特点：第一，绝对是正确的；第二，已经太迟了。但金克拉认为这句话只对了一半，因为即使是后见之明，也可以让你学到一些东西，或许反而对日后有更大的帮助。否则，人类所有的错误岂非都要一再重蹈覆辙吗？

美国独立战争中的名人安德森少校，拥有一所私人图书馆。他为人慷慨，把图书馆开放给附近的年轻人。其中有个叫卡耐基的苏格兰小男孩，每周六早上都来看书。他对安德森少校非常感激，因为学到了许多有益的知识。这个小男孩后来成为美国最有生产力、最富有的男人之一。在那个百万富翁还很少见的年代，他一手培养了四十三位百万富翁。为了感恩，卡耐基在全美各地也设立了卡耐基图书馆，至今仍有千千万万的人受惠。

的确，如果能"看"出别人的特长，帮助他进一步发展，真是功德无量。最可贵的是，我们给予他人越多，各种有形无形的收获也更多，查理·波西就是很好的例子。他三十九岁就担任一家大公司的总裁，后来成为杰出的参议员。波西最令人津津乐道的事迹，是他能准确地看出别人的潜力，并且说服那人加以发挥。

当然，这种理论也会有负面作用，长跑名将克里斯·查特威便是一例。在一次赛跑中，克里斯为了激励罗杰·班尼特打破"打不破的"500公尺4分钟纪录，特别在前三圈中不顾一切奋力领先，结果罗杰打破纪录，扬名世界，克里斯却因力竭而落后。后来，大约又有500人打破4分钟的纪录，但是只有克里斯一个人愿意牺牲自己诱导朋友打破世界纪录。

亚历山大·葛拉汉·贝尔是一位默默无闻的大学教授，他的夫人听力不好。他深爱妻子，梦想能发明帮助她听到声音的设备，为了这个梦想，他投注了所有的时间及金钱。虽然这个梦想没有实现，但是亚历山大·葛拉汉·贝尔却因此发明了造福人类的电话，帮助了无数的人。

德国发明家威尔汉·瑞斯，只需把两个电极再靠近千分之一时，就可以发明电话，可惜功亏一篑。如果威尔汉有贝尔那样强烈的动机，人类历史就会是另一番面貌了。

金克拉的朋友大卫·史密斯邀他担任他们俱乐部年度舞会的主持人。舞会中冠盖云集，非常热闹。但是最令金克拉夫妇惊讶的是，尽管他们认识大卫多年，但还是第一次知道他舞跳得如此优雅美妙。经过他们一再鼓励，他不好意思地说出他前半生的经历。

他十六岁那年，为了帮忙家计而辍学。二十二岁复学，二十五岁高中毕业。他有三个女儿，其中两位是教师，一位获博士学位。大卫对家人的成就显然相当满意。

最令金克拉敬佩的是，大卫已经六十六岁了，却是他所见过最卖力工作的人之一。他是他们的园丁，他的故事告诉大家：第一，评估一个人不能只看表面；第二，只要对工作执着认真，任何行业都值得令人尊敬。有些人或许对园丁这种工作不屑一顾，但是大卫不但借此养家活口，还教育出三个好女儿；第三，机会不在于工作，要看自己是否能够把握。大卫把自己的工作做得很好，为别人提供了极佳的服务。最重要的是，大卫希望女儿获得"更多"，因此付出更多，结果每个人都赢得自己的一片天地。

有一句话说："只有从别人身上才能看见自己，多发掘别人的好处，才能找出自己的长处。"

有一个做面包的人怀疑农夫每天卖给他的奶油斤两不足。仔细一秤，果然没错。他怒冲冲地告到法官那儿。法官就问农夫为什么偷斤少两，农夫说他没有磅秤，所以只好用天平来量，一边放每天从做面包的人买来的一磅重面包，一边放奶油。

每个人对生活在周围的人，都会产生或好或坏、或积极或消极的影响，因此我们必须对别人抱正确的观点及良好的态度。我们在每一个认识的人的生命中都扮演着某种角色，甚至可能成为影响某人前途的关键人物，下面就是一个好例子。

一个老人坐在教堂的风琴前演奏。日薄西山，夕阳透过美丽的彩色玻璃窗照着老人，使他看上去有如天使。他弹琴的技巧很好，但是因为他的工作即将被一个年轻人取代，所以琴声非常悲哀。暮色将尽时，年轻人从教堂后门走进来，老人看见了，就拔出风琴上的钥匙，放进口袋，缓缓走向后门。他经过年轻人面前时，后者伸手说："请把钥匙给我。"老人掏出口袋中的钥匙交给他，他立刻走向风琴，坐下来插好钥匙，演奏起来。老人演奏得非常优美，富有技巧，但是这个年轻人更是位天才的演奏家，美妙的乐声充满了每一个角落，这就是巴哈初次向世人展现他的音乐才华。

老人感动得热泪纵横说："想想看，如果我没把钥匙交给这位大师，世人会有多么大的损失！"

老人把钥匙给了年轻人，年轻人也把钥匙的功用发挥得淋漓尽致。这件事令人兴奋，因为我们的确掌握着开启他人未来之门的钥匙。我们的一举一动都影响着其他人，甚至包括许多不相识的人。因此，我们不仅为了自己，也要为其他人负起应有的责任，表现出最好的一面。

# 要爱你的另一半

多年前，金克拉的一位朋友经常因为婚外情和太太闹得水火不容，虽然他表面上很快乐，事实上却痛苦不堪。几年不见，再度碰面时，金克拉发现他判若两人。他快乐多了、更自在了，事业也有相当成就。金克拉问他原因何在，他很兴奋地说，他发现一位美丽却寂寞、不被丈夫了解的小女人，就搬去和她住，热烈地追求她，因此生活得非常幸福美满。看到金克拉满脸愕然，他才得意地解释道，那个女人就是他结婚十五年的妻子。金克拉虽然松了一口气，却不明白是怎么回事，就请他再说清楚些。他说得很简单，但他的方法却可以解决目前绝大多数的婚姻问题。他说："我发现，如果我用追求其他女人的体贴、细心、甜言蜜语去追求夫人，就可以拥有幸福、快乐了。"他又说，世上最可贵的事，就是拥有一个只属于你自己的人——让你爱她、信任她、尊敬她。

这种爱，就是对配偶全心全意的忠贞。忠贞可以带来快乐、安全、心灵的平静。如果夫妻间对彼此的忠贞有丝毫怀疑，婚姻生活一定非常可悲。

不幸的是，很多人对同事、下属、邮差甚至陌生人都亲切随和，对另一半却老是暴躁、粗鲁。为什么呢？金克拉曾以他三十一年幸福婚姻的经验，试着回答这个问题。上帝赐给成年男人一个美丽的女人，让他去爱她、尊敬她，她是他生命中最重要的人，而且一天比一天亲近。任何有责任心的已婚人士，必须有和谐的婚姻关系，工作才能有效率，生活才会幸福。

婚姻是家庭的基础，家庭则是社会的根本。换句话说，一个人用什么眼光看配偶、如何对待配偶及与配偶相处，都极具重要性，并且与个人的成功、幸福关系密切。

金克拉以他的亲身经验及观察，提出可能导致大多数婚姻问题的三点原因。第一，结婚一段时间之后，大部分人都已经习惯有配偶在身边，觉得一切都理所当然，不会再有任何问题。事实上，一切还言之过早，因为现在的离婚率高达40%，还有更多夫妻同床异梦；第二，生活环境造成的问题。大部分丈夫认为向配偶示爱太迂腐或太娘娘腔。喜剧里更有一些专门取笑妻子或丈母娘的；第三，道德标准改变。试婚、婚外情等行为，使婚姻失去了安全感，甚至造成恐惧。

任何幸福美满的婚姻，一定要有坚贞的爱做基础。到底什么叫爱呢？诗人为爱写诗，歌唱家为爱歌颂，每个人对爱都可以侃侃而谈，但却见解各异，当然也包括各位读者在内。心理学家及婚姻咨询专家强调，父亲能为子女做的最重要的事，就是爱孩子的母亲；反之亦然。即使父母不爱子女，只要孩子知道双亲彼此相爱，觉得父母会同心协力给予他们安全，他们永远不必面对在父母亲当中选择一位的痛苦，心里也会有安全感。

现在的年轻人常常把爱与性相提并论，事实并非如此。爱是对另外一个人毫不自私的感觉，性却是绝对自私的。

许多夫妇在结婚典礼上信誓旦旦地表示永爱不渝，但往往过不了多久就恨不得置对方于死地。大多数人原本都真心真意地爱着对方，可惜爱像花木一样，不去灌溉就会枯萎。

快乐的婚姻能使每一个人在工作上表现得更出色。心理学家乔治·柯蓝说，爱需要语言及行动的滋润。爱就像银器一样，每天擦拭才会发出亮丽的光泽。可惜许多人都把配偶为自己做事视为理所当然，等到日久生腻，就已经难以挽回了。

柯蓝博士说，许多夫妻在感情陷入僵局之后，又会重新沐浴爱河。有道德责任感的人，为了挽救面临危机的婚姻，就会在责任心的驱使之下，重新开始追求对方。在这种情形下，具体表达爱意往往可以找回失去的爱。只要经常、坚定、持久地灌溉爱的花朵，婚姻就会越来越美好，不如意的事会越来越少。威廉·詹姆斯说得好："不是因为快乐才唱歌，而是因为唱歌才快乐。"他认为行动上的表现，可以加强精神上的接纳。卡耐基说："积极行动，就会行动积极。"也就是说，你的行动表现得像在恋爱一样，就会发现自己真正在恋爱了。

金克拉曾描绘过一幅美好动人的婚姻生活画面。金克拉的嫂子乔儿到印地安纳州密西根市去探望弄璋的长女，十天后回来。结婚三十三年以来，这是他们夫妻首次分开。乔儿下了车走向屋子，金克拉的哥哥立即飞奔上前。两人在庭院中热烈地拥抱，哭得像小孩子一样，发誓这辈子再也不分开了。

这一幕小别胜新婚的场面，正是真情至爱的表现。这份爱源自少年时代，经过青年时期的滋养、中年时期的奠基，在人生的黄金岁月达到了圆满美好的巅峰。

真爱是个成长、发展的过程，其中包含了人类所有的情绪、问题、欢乐及胜利。在这个过程中，困难的时刻比舒适的时候多，付出比收获多，限制比自由更多，面对的问题也往往比快乐多。金克拉哥嫂的情况就是如此。他们的生活一直很清苦，她为他生儿育女、煮饭缝衣，对他所做的每件事都用所有的信心与爱支持。他宠她、爱她、尊敬她。五个孩子需要大量的时间、金钱、爱心与管教，但是他们凭着坚定的信心，共同建立了一个美好的家庭。

也许我们从未看过任何人家拥有如此多的爱与欢笑，全家人聚在一起时，不需要其他游戏来改变时间。家庭是一个整体，我们要担负起家的责任。

真正把配偶视若情人的人，绝对不会把两人之间甜蜜生活的一切细节、彼此深挚的爱说给任何外人听。这样做，无疑是把最亲密、最隐私、最美好的关系变成大家谈论的题材，真爱是美丽的、隐秘的。

精钢唯有在高热及低温交替作用下才能炼成，高速公路一定要有高、有低、有弯度才会安全，爱情及婚姻也必须经过考验才会稳固。现代的年轻人根本不把律法放在眼里，试婚、同居的情形屡见不鲜。他们不了解两个有责任感的人相爱是怎么回事，也不知道爱与性的分别何在。如果性是爱的表现，而且存在婚姻关系中，就是美好的。如果只是肉欲的发泄，就是自私的行为。

真爱也不是影视节目中的一见钟情。金克拉述说了自己的爱情故事："我第一眼见到我的红发美人就被她吸引住了，在追求她及新婚的前几年，我一直以为自己很爱她；但是坦白地说，结婚二十五年之后，我才体会到什么是真爱。11月26日，我们结婚即将满二十六年，但是这份爱仍然在生长。如果我可以在和她相处五分钟与做其他事之间做一个选择，我总是选择她。"

从金克拉的述说可知，这并不表示他们对任何事的看法都一致，也不表示他们从未有过争执，只是表示他们从来不会对彼此存有恶意。如果有一方知道自己错了，一定会心甘情愿地承认错误。他们都深爱对方，愿意把对方摆在第一。他们从来不会带着怒气上床。他们愉快坦白地相处这么多年，希望在他们踏上永恒之旅前，还可以共处许多年。

# 爱需要主动地付出

爱，也是为别人做事。它是个主动动词。说到主动，詹姆斯·路易斯已经年逾七十，却还像年轻时一样，教导亚拉巴马州的孩子打网球。他是个退休的非裔美籍钢铁工人，在种族歧视极深的旧明罕长大。小时候，他根本不能在公园里打网球。但是俗语说得好："有志者，事竟成。"詹姆斯能自己创造打球的环境。他在空地上造了一座红土网球场，又在空水泥地上以油漆画线。

詹姆斯·路易斯的一生极为传奇，他不仅教给孩子们打网球的方法，更注意在教学过程中培养孩子们的运动精神，以及不畏艰难、争取成功的勇气。他要让他们知道，网球是趣味无穷的运动。

小时候，詹姆斯就喜欢打网球，也似乎颇具天分。他靠自己的力量学会打网球之后，立即开始教其他人。他告诉他们，学网球要一步一步地来，"正击、反击、截击、发球"。学生学会每一个步骤之后，他再教他们一一结合起来，就像猜字谜一样。亚拉巴马州郊区费尔斐的网球教练路易·希尔说："他真是一个最有爱心、最不自私的人。他把所有东西都和球员分享，包括他的时间、知识、装备，甚至食物。"

詹姆斯·路易斯所教出来的学生，有好几个得到大学的体育奖学金。后来，他又热心地推动几项体育活动——其中有一项还以他的姓氏命名——并且在两所大学教网球。他真是个乐观上进的人，由于他培育出许多一流人才，也使自己成为赢家中的赢家。

希望你也试试詹姆斯·路易斯的人生态度。

汉娜·摩尔说："爱无须说服，而是无止境地付出，像是一个毫无节制的浪子，永远怕给予对方的不够多。"詹姆士·道柏森博士却睿智地评论道，没有节制的爱，不会培养出懂得自制及自我规范、尊重他人的孩子，只会造成不能适应环境的人。

以为只要有爱就能解决一切问题，是对真爱的最大误解，爱并不代表别人要什么就给他什么，而是为别人着想，做对他有益的事。我们来了解一下金克拉的好友——住在加拿大温尼伯的柏尼·洛夫的故事。他的儿子大卫生下来就患有脑性麻痹，生活得非常痛苦。

大卫大约十八个月大的时候，柏尼和妻子每天晚上都必须在他腿上架铁框，而且要绑得很紧，大卫当然非常痛苦，他经常哀求："今天晚上一定要绑吗？"或"一定要绑那么紧吗？"但是柏尼夫妇深爱大卫，宁可狠下心来暂时让大卫流泪，日后再享受快乐的人生。

如今，大卫是个健康、成功、活跃的生意人，已经娶妻，生了三个可爱的孩子。大卫成功的故事告诉我们，正因为柏尼夫妇深爱儿子，才能把狠下心拒绝他。

想想柏尼夫妇的故事，也让你的人生具有永恒的爱吧。

玛丽·安德森有甜美的声音。她曾经在欧美各大歌剧院为皇亲国戚、政府首脑演唱。她的音域极广，从女高音到最低的女低音，都可以用清朗纯正的声音唱出来。

起初，玛丽·安德森为了买当铺里的小提琴回家练习，不得不以每小时一角钱的代价刷地板。幸好她聚会的教会发现了她罕见的才华，于是募款请了专业声乐家来教她。在老师认为她学成之后，她就前往纽约，但却被乐评家批评得体无完肤。她满怀创痛地回到家乡，幸好母亲及教会人士一再为她打气，并且花钱继续让她进修。

当时，由于美国种族歧视非常严重，她就先到欧洲发展，整个欧洲都为她疯狂。回到美国之后，她在林肯纪念堂演唱，现场观众有六万多人。有幸到场聆听她演唱，也听过马丁·路德·金博士《我的梦想》演讲的人表示，她的歌声比他的演讲更动人心弦。

有一次，记者问她一生感到最满足的是什么时候，她毫不犹豫地回答，是她告诉母亲这辈子再也不用替别人洗衣服的时候。玛丽·安德森一生获奖无数，但这却是她最满足的一刻。记者问她："你母亲给了你什么？"她回答："她所有的一切。"

实在太了不起了！的确，毫无吝惜地付出一切，正是一个人伟大的地方。

# "一桶欢笑"的新配方

以下是建立快乐婚姻的十三个原则：

第一，记得你们婚前的一举一动吗？记得你总是表现出最好的一面，总是那么体贴入微、彬彬有礼吗？这是使婚姻稳如磐石的方法。

第二，阅读玛丽·柯罗理的《与玛丽谈天》（*Moments with Mary*）一书。作者在这本美丽的小册子里指出，婚姻不是各自分担一半的责任，而是向对方负百分之百的责任。

第三，每天早、晚别忘了向配偶表达爱意。白天不妨也抽出三分钟时间，打电话传递对彼此的关切。偶尔还可以写一封"情书"给对方，这是

"小投资大收获"。

第四，偶尔送给配偶一张卡片或礼物，给他或她一个惊喜。可贵的不是礼物，而是那份心思。蓝思洛爵士说得好："缺少了诚意，礼物便一文不值了。"

第五，共享一些美好的时光。回想一下婚前的美好时光，重温旧梦。偶尔一起散步或关掉电视谈谈心，把对方当作你生命中最重要的人——事实也的确如此。

第六，做个好听众。有位智者曾说："谈天是分享，倾听则是关怀。"仔细听听配偶一天生活的细节。刚开始，你会觉得那是一种责任，久而久之就会生出爱心，甚至觉得即使是琐事也趣味十足！

第七，不要让配偶和孩子为了你的注意弄得不愉快，要特别保留一段专门属于他（她）的时间。

第八，不同的意见是对事不对人，睡觉之前就要把问题解决，不要把怒气留到第二天，否则意见会钻进潜意识，使问题一而再、再而三地困扰你。

第九，上帝任命男人做一家之主。家里的大事有男人应付，女人一定会感到安全多了。但是男人也要记住，要尊重妻子、爱妻子如同自己一样。上帝是从亚当的手臂下创造了女人，而不是他的头上，好让她压制他；也不是从亚当的脚下取出，好让他一脚踩扁她。上帝从亚当的侧身——一个安全而有保护作用的位置——创造了女人，让夫妻可以并肩走在人生的大道上。

第十，为了取悦或了解配偶，必须经常让自己委屈一点，也许这滋味有些不好受，但可以使婚姻不致发生危机。

第十一，下面这份食谱保证可以烘焙出快乐的姻缘：

一杯爱心

二杯忠心、三杯谅解

一杯友情

五汤匙希望

二汤匙温柔

四夸脱信心

一桶欢笑


　　把"爱"和"忠心"与"希望"搅和均匀，倒入"温柔""信心"与"谅解"。再加入"友情""希望"，撒下大量"欢笑"，与"阳光"一起烘焙，每天服用。

　　第十二，把"以恩慈相待，存怜悯的心，彼此饶恕"作为日常指南。

　　第十三，万一发生无法避免的争执，谁先让步并不重要，但却代表他更成熟、更爱对方。

# 第五章　学会设定目标

你过去或现在的情况并不重要，你将来想获得什么成就才最重要。除非你对未来有伟大的抱负，否则，你终生将一事无成。因此，你必须要有目标，有了目标，内心的力量才会找到方向；漫无目标地漂泊将使你碌碌无为，后悔终身。

# 是缺少方向还是没时间

没有目标的人，就像没有舵的船，只能漂泊在失望与挫折的大海之中。法国著名的昆虫学者费伯赫，曾经用一种"前进毛虫"做实验。顾名思义，这种毛虫只会跟着前面的毛虫往前走。费伯赫小心地让毛虫绕着花盆围成一圈，花盆里有它们最爱吃的松针。毛虫绕着花盆不停地打转，转了七天七夜，终因疲倦而死。虽然食物近在咫尺，但是它们只知道盲从，最终饿死。

许多人也会犯同样的错误，一辈子都没有收获。他们只会盲目地跟着人群兜圈子，却与举手可得的财富擦身而过。他们为什么会这样，他们只有一个理由：别人都这么做。

下面故事里的老王就是一例。

老王的夫人叫他去买火腿，买回来之后，她怪他没叫肉贩子把火腿的末端切掉。老王问她为什么要切掉，她说因为她妈妈一向都是这么做。后来岳母来访，夫妻俩就问起这事，岳母说她也是从母亲那儿学来的，因此他们就决定向老祖母问清楚。祖母说，因为她的烤箱太小，一次烤不下，只好分做两次。老祖母做事有她的道理，你是否也一样呢？

大部分人有目标吗？显然没有。随便在街上拦下一个年轻人，问他："你现在做的什么事一定可以保证将来失败？"对方回过神来之后，很可能会说："这是怎么说话！我做每件事都是为了将来能成功！"事实往往不遂人愿。

一生都没有成功的人，是不是原本就希望失败呢？应该不是，只是他们根本没有任何计划。既然计划如此重要，为什么只有很少的人愿意把计划写下来呢？原因有四点：一是缺乏指引；二是不知如何着手；三是害怕无法达到目标，感到脸上无光；四是自我形象不良，觉得自己不配得到人生的美好事物，用不着白费工夫写下来。只要你肯用心学习本书的理论及步骤，以上四项难题就能迎刃而解。

（一）设定目标的危险度低于未定目标的危险度

如果你担心制定了目标却达不到，会让别人看笑话，不妨在告诉给朋友之前考量一下，只告诉相信、希望你会成功的朋友。还有一些人不愿意把目标写下来，一旦没有成功，也可以若无其事地说自己没有失败，因为原本就没有制定目标。

如果依照这种理论解释，船应该停在港口、飞机应该停在地面、房屋应该空着，这样才比较保险，因为船离开港口、飞机离开地面、屋子里住了人，都有发生"危险"的可能。问题是，船久停在港口会引来甲壳动物居住，飞机久不飞行更容易生锈，屋子空着更容易损坏。

不错，设定目标的确有危险性，但是没有目标，危险性更大。道理很简单，飞机是用来飞行的，船是用来航海的，房子是给人居住的，人生在世更是有目的的，那就是尽一己之力，做出对人类的贡献。

（二）如何为目标努力

假如明天有一个老朋友打电话来，兴奋地说："我有个好消息给你，你可以免费跟我们公司到新加坡度假三天，一块钱都不必花。明天早上八点出发，还有两个空位。老板开他的私人飞机，载我们到他的海边别墅去住。"你的第一个反应很可能是：太棒了！——不过我有一大堆事要做，短短一天，这些事怎么可能做得完？

但是你还没答复友人，夫人就想到一个办法，建议你告诉朋友稍后再给他回话。挂上电话，夫人就开始动脑筋安排，你也拿出纸笔，把该做的事一一写下来，依重要顺序排好，还有一些事则交给别人处理。然后打电话告诉你的朋友："你知道吗？我把工作全都安排好了，可以跟你们一起去了。"

接下来的二十四小时中，你可以完成平常需要好几天才能完成的工作，对吗？

你的答案一定是肯定的！既然如此，明天——或者该说"每天"——为何不到新加坡度假呢？把你接下来三天中所要做的事列出来，假如要在一天内做完才能去度假。开始工作之前，你一定会动脑筋仔细计划，努力完成，必定会事半功倍。以后，随时去度假就不成问题了，从此以后，你的人生就有了方向。

人们经常抱怨没有时间，其实真正的问题是缺少方向。许多专家说，浪费时间跟谋杀一样有罪。仔细想想，应该说是"自杀"，而不是"谋杀"。时间可能成为你的朋友，也可能变成你的敌人，关键在于你如何去把握、应用。

（三）人生目标的重要性

在一场篮球冠军争夺赛中，两队都已经做过热身运动了，准备开始比赛。场中气氛热烈，队员们都感受到冠军赛的紧张气氛。他们回到休息室，教练最后给他们打气："各位，比赛就要开始了，今晚是决胜负的关键。记住，没有人会记得婚礼中的伴郎，也没有人记得第二名，只有第一名才是所有人眼里的主角。"

队员们个个满怀壮志地冲向球场，差点把门都撞坏了。但是他们一进球场立刻愣住了，代之而起的是失望、愤怒，因为篮球架上竟然没有球网。没有球网，怎么比赛篮球？谁知道球到底进了没有，每一队各得了多少分。事实上，没有球网根本无法比赛。因此，球网的确很重要，人生目标就是每个人自己的球网，你的球网准备好了吗？

美国的老人院有一个有趣的现象：假日或具有特殊意义的日子（例如生日、结婚纪念日）来临之前，死亡率就会骤然降低，许多人立下目标要再多活一个圣诞节，多活一个结婚周年或多过一次国庆，等等。但节日一过，目标达到了，活下去的意愿就降低了，死亡率就急速上升。不错，只有生活有目标时，生命的延续才有意义。人人都知道目标的重要性，但是许多人仍然过着漫无目的的生活。

已故的麦斯威而·莫兹写过一本值得仔细玩味的书《心理神经机械学》（*Psycho-Cybernetics*），书中文字浅显优美。莫兹认为人和脚踏车一样，如果不持续朝目标前进，就会摇摇摆摆地倒下去。

茱莉非常爱她的马"爱而兰"。但是她一度为了这匹马愤怒、伤心、失望、沮丧。为了一场马赛，她整整花了好几个星期洗刷、训练爱而兰。比赛当天，她早上三点就起床，为爱而兰做最后的修饰，把它弄得像艺术杰作一样。万事俱备之后，茱莉也打扮得像洋娃娃一样骑马进场。结果呢？什么奖也没得到，因为爱而兰根本不肯跳栏，所有的努力和梦想都化为泡影了。

遇到挫折时，你可以束手待毙，放弃所有希望；也可以打起精神，全力冲刺，争取你想要的东西。十六岁的茱莉·金克拉为了自己的目标——

冠军马——决定先放手。她登报出售爱而兰,拒绝讨价还价,终于按她所要求的价格售出。她把这笔钱存进银行,开始寻找另一匹马。她遍访当地的马场,参观马展,阅读所有相关刊物,最后终于找到一匹叫伦姆的种马,问题是价钱远比她卖掉爱而兰的钱高得多。茱莉认为自己努力所争取到的东西才可贵,她达到目标的原则是,努力向看得见的目标前进,达到短期目标之后,眼光必能看得更远。于是她用现有的钱付了伦姆的头期款,再拟出分期付款计划买下伦姆。为了缴交分期付款的费用,她找了一份工作。她还自己花钱让伦姆受专业训练。不久,茱莉房间墙上的奖牌开始不断增加,她在伦姆身上所付出的代价,得到了四倍以上的回报。

茱莉的故事告诉我们,如果我们非常渴望得到某样东西,就必须立下目标去达成。只要有必胜的信心,什么问题都会迎刃而解。

金克拉曾搭机飞过尼加拉大瀑布上空。虽然瀑布远在好几里外,但是面对澎湃的巨流,仍然能感觉到它雄伟的气势。

看着那奔泻而下的水流,金克拉心中忽然掠过一种想法:几十年来,不知道有几亿吨的水流过这座180尺高的石壁,但是冲力一消失,却没有造成任何改变。有一天,有人经过详细计划之后,控制了部分庞大水力,把水引到某处,产生了极强大的电力,发动了工厂的转轮,照亮了千千万万户人家,生产了无数的产品。有了这股庞大的电力,工作机会增加了,儿童有了受教育的机会,道路、医院、大楼也因此兴建,好处很多。这一切都是因为一个人有计划地运用尼加拉瀑布的水,导向一个特定的目标,这正是你所应该做的。

(四)确定你想要什么

你的目标是什么?

字典上对"目标"的解释是目的、计划、希望做的事。不论你是谁、在什么地方、做什么事，都应该要有目标。J.C.潘尼说："给我一个有目标的小职员，我可以把他变成改变历史的人；给我一个没有目标的人，我可以把他变成一个小职员。"做母亲的应该有目标，推销员应该有目标，家庭主妇、学生、工人、医生、运动员也都应该有目标。你或许无法像尼加拉瀑布那样照亮整个城市，但是只要有了明确的目标，你就能发挥自己的力量。

你知道艾德蒙·希乐礼爵士如何成为首先登上珠穆朗玛峰的人吗？如果他告诉你，他有一天出门散步，走着走着就发现自己站在世界的最高峰上，你会相信吗？如果通用汽车公司董事长告诉你，他只是一直埋头工作，不断升级，就有了今天的地位，你会相信吗？你当然会觉得很可笑，但是，如果你认为自己不需要设定任何目标就可以有所成就，不是更可笑吗？

所罗门王告诉我们："贪爱银子的，不因银子知足。"也就是说，如果我们让金钱支配一切，那么无论有多少钱都不会满足。过去两年中，有五位亿万富翁去世，他们临死之前都还在拼命赚钱，就是最好的例证。有人问某人，他认为巨富霍华·休斯留下多少遗产，他回答："全部。"如果有人问你准备留下多少遗产，不妨告诉他："跟霍华·休斯一样多。"

当然，金钱是衡量个人努力的指标之一。无论你从事哪一行，付出越多，所得的金钱报酬也越多。我们都知道，需要用钱时，几乎没有任何其他东西可以取代它。

现在，谈另一个梦想成真的故事。

狄克斯特·雅格是个精力充沛、充满爱心、具有坚定信仰的年轻人。

他急于踏上成功之路，因此放弃耶鲁大学的奖学金。他最初做汽水生意，相当成功，因此深信自由办企业能够致富。后来他又相继推销过多种产品，都相当成功。1965年加入安丽公司之后，他更是大展宏图。但是，雅格的成功不只是由于工作勤奋、充满热忱，更是由于他为人坦诚、具有爱心、忠于工作，以及坚定的信心。梦想之花早就存在他的心中，他辛勤灌溉，终于开花结果。

雅格夫妇甘为这份事业付出所有的一切，也得到极大的回报。雅格太太对他们的成功做了如下的结论："如果你对必须付出的努力自我设限，也就限制了未来的成就。"他们夫妇就因为毫无限度地付出，因此获得了不可限量的成功。

雅格夫妇对自己的梦想意志坚定，锲而不舍。他们努力的过程告诉我们，只要你尽力帮助许多人得到他们想要的东西，就能得到自己想要的一切。更重要的是，雅格和他美丽的妻子、七个健康快乐的孩子比以往更加亲密。

现在，你应该已经了解了设定目标的重要性，接下来要探讨的是目标的特性、设定目标的方法，以及达成目标的步骤。

# 做出好的决定

设定目标之后，就会产生勇往直前的动力。本书列举了来自各阶层的人成功的例子，只要你仔细读他们的故事，学习他们的毅力，保证你会产生许多奇妙的想法。

目标要"大"，才能使你产生达成目标的壮志。如果你的目标只是一些普普通通的事，如付房屋货款、汽车货款，或者平平安安地过日子，绝对不会激起你的雄心。只有拥有正确的目标，才能激发潜能加以完成。

大家都知道，运动员遇到强劲的对手时，往往表现得特别好。同样地，如果你把自己的对手——目标——定得越强大，就会表现得越好。

如果你每天都为了达成目标而不懈努力，晚上就寝时，就可以心安理得地告诉自己："今天我尽全力了。"然后安安稳稳地睡个好觉。有位智者曾说："不要订小计划，因为小计划不能激发人的灵魂。"

你用什么眼光去看人生，就会得到什么样的收获。把铁条做成门把，可以值1美元，把它制成马蹄，可以值50美元。但是同样一根铁除去杂质，加以精练，做成名表里的主发条，身价就高达25万美元了。

你看铁条的眼光，决定了它的用途及价值；你看自己的眼光，也决定了你一生的成就。不论从事哪一行业，目标一定要大。当然，目标的大小因人而异。布克·T.华盛顿说："衡量成就的大小，要看在达到目标的过程中，必须克服多少障碍。"

### （一）目标必须要大

小时候，金克拉在一家杂货店打工，旁边是一个兼卖咖啡和花生的小摊，摊主人叫乔叔。每次乔叔煮咖啡、烤花生时，香味总会引来许多人。他烤好花生，倒在一个大纸盒里，再分别装进小袋子，一袋卖一毛钱。每次装满一袋，他就从袋子里拿出两颗，放进另一个小盒子。大纸盒装完之后，小纸盒里的花生往往还可以多装几袋。乔叔出身贫寒，一直到死都过得很困苦。他整天都想着花生，但花生并不是他的问题。

金克拉在南卡罗来纳州大学上课时，看到一个永远难忘的招牌，上面写着："老柯花生——保证是镇上最差的。"他好奇地打听，镇上人告诉他，老柯刚开始卖花生时就用这句标语。大家都觉得很好笑，但是仍然照样买他的花生。后来，他在装花生的袋子上印上这句话，大家觉得更好笑了，但还是照样买他的花生。老柯的生意越做越好，他雇了一些孩子在街上卖花生，名气也越来越大，并且申请了"老柯花生"的专利。现在，老柯成功富有，他也同样一辈子与花生为伍。

这两个人的工作性质及环境相似，但是一位贫困一生，另一位出身贫苦，却不甘长此以往。他们卖同样的东西，但是对前途却抱着不同的目标，因此也有了完全不同的人生。

一个人从事哪一行，和是否富有并没有绝对的关系。任何一种职业都可能致富，也可能穷困潦倒，有些经营加油站的人很富有，有些则面临破产；有些做生意的人发大财，也有些很落魄，类似的情形不胜枚举。个人要首先掌握机会，职业的影响只居于次要地位。能够全力以赴，才能把握工作中的机会。

任何一行都有人在努力奉献，因而赚了很多钱。也就是说，成败的关键不在于工作本身，而是看你对自己及工作特点持什么态度。目标一定要大，才能激发你的潜力。

### （二）目标必须是长远的

如果没有长远目标，可能因为一时受挫而心灰意冷。原因很简单，别人或许不那么在意你的成败。有时你会觉得别人故意挡住你的去路，事实上最大的障碍是你自己。别人或许可以暂时阻挡你——但是，只有你自己能改变你的一生。

有时候，环境会变得无法控制，如果没有长远目标，一时的打击可能会让你感到不能自拔。其实没有必要，你要学会乐观地面对各种顺境与逆境。你会发现不论障碍有多大，都可能成为通往成功的垫脚石。有了长远目标，就容易多了。只要朝看得见的短期目标前进，到达之后，可以继续把眼光向远处看。

如果要等十字路口的灯都变成绿灯才踏上旅途，就永远出不了门。

有一次，金克拉坐在洛杉矶飞往达拉斯的班机上。班机原定五点十五分起飞，但是一直延误到六点零三分。离开洛杉矶时，预定前往达拉斯，但是二十分钟后却因为风向与预报的不同，飞机有些偏离航道。等到机长稍做调整之后，又往达拉斯飞行。

飞机稍微偏离航道时，机长并没有掉头回洛杉矶重新开始飞行。同样地，我们朝人生的目标前进时，也要适时适当地调整自己的方向。

设定长远目标之前，不要期望一开始就克服所有困难。因为如果还没开始行动就要排除所有障碍，就不会有任何人愿意尝试任何事了。如果你早上出门上班之前，打电话问警察，是否绿灯全都亮了，他一定会觉得你是神经病。我们都知道，绿灯要一个个通过，同样地，障碍也要一一克服，总有一天能抵达目的地。

### （三）你是梦想家吗

如果你没有每天的目标，就是典型的梦想家。有梦想是好事，只要打下基础，日复一日，努力实现。已故的查理·柯伦说："成功的机会不会像尼加拉瀑布一样奔流而下，而是像涓涓细流一样缓缓滴下。"

想要成功，就必须每天都努力向目标迈进。举重选手一定要每天锻炼肌肉，上场时才能一举夺魁。父母一定要每天对子女进行身教，才能教出有规矩的好孩子。每天都要抱着比昨天更好的目标，才能得到更大的成就。要想改善环境，就要先改善自己，才能有所展望。

每天的目标是个性最好的指标，也是培养个性最好的方式。我们所有的努力、规矩、决心，都表现在这上面，长远目标在此暂时褪下了光环，让每天点点滴滴的努力建立起稳固的基础，让梦想实现。

如果你在一个烈日之下，让阳光透过高倍放大镜照着一箱剪报，但却不停地把放大镜前后左右移动，绝对没办法升起火来。但是，如果一动不动地对准报纸，阳光的热力就会集中起来，穿过透镜，燃起熊熊大火。

不论你有多少聪明才智，如果不能像放大镜一样对准目标发挥全力，就绝对不能得到与自己能力相当的成就。猎人一次只猎一只鸟，而不是一群鸟，不是吗？

设定目标的技巧，就在于能够确实针对特定事项详细列出。很多钱、很大的房子、高薪、做更好的太太……都太过笼统。例如，大房子可以再详细说明。如果不知道从何着手，可以多收集有关图片及说明，也可以参观各种样品房。

收集有关资料之后，确实写下所希望的坪数、式样、地点、房间数、格局、颜色、环境等。

### （四）目标的负面影响

如果你的目标是下列三种情况之一，就可能会有负面影响。

第一，如果你不认为成功操在自己手中，一切都希望于"运气"，目标就会变成负面的。第二，如果你的目标太大或不切实际，也会变成负面的。第三，如果目标不合乎你的兴趣，而且目的是取悦他人，也会成为负面的目标。

如果你的目标太大或不切实际，就存在着必败的念头，到时别人就不能因为"不可能做到"的事责怪你。

下面这个故事中的年轻人，很可能就抱着这种心态。

几年前，金克拉到某一地区演讲时，一个二十来岁、衣衫褴褛、文化水平不高的年轻人走向他，出乎意料地对他说："金克拉先生，你今天使我茅塞顿开，我想跟你握握手，告诉你你帮了我什么忙。"金克拉当然鼓励他往下说，问道："我帮了你什么忙？"他的兴奋之情溢于言表，说道："你帮我赚了100万美元。"金克拉回答："太好了，希望我也能和你一起分享。"他略带苦恼地说："其实我还在准备，希望今年能达成目标。"

这下子金克拉可为难了，是当头浇他一盆冷水，还是让他继续做这个不可能的梦呢？一年赚100万，等于每周赚2万。一个穷困潦倒、教育程度不高的年轻人，一年要赚这么多钱，实在有点异想天开，何况他连最起码的2000元本金都没有。过去的二十五年中，他连2000美元都赚不到，现在却准备在一年之中赚到五百倍的钱！

如果目标大得不切实际，失败的打击可能会使你一蹶不振。因此，目标设得不要高不可攀。

如果目标与你的兴趣不符，只是为了取悦别人，难免会心生怨恨，阻碍你的成功。

另一个造成负面影响的因素，是存有侥幸心理。凡是能够成功的人，都具有明确的目标，能发挥所长，全力以赴，努力不懈。如果你希望成功，也应该向他们看齐。

# 清点你所拥有的

已经谈过目标的重要性了，但是你会发现，达到目标比设定目标容易，只要能设定恰当的目标，就等于成功了一半，因为从目标中可以看出你有信心去实现它。只要有信心，成功就在望了。

下面以推销为例来说明，希望你能有所感悟。

推销员要创造好的业绩，势必要有目标。无论有多少经验，都必须要有记录来设定大而合理的目标。如果你不知道自己的立足点在哪里，即使世上最详尽的地图，也无法指引你到任何地方。做任何事都要有起点，记录可以帮你建立起点。每天花几分钟，连续做三十天记录，就可以了解你真正的生产力、工作能力及运用时间的效率。因为做记录的关系，你会发现后半个月比前半个月的成绩好。这三十天的记录务必诚实，因为它关系着你的未来。

做记录必须注意以下几个步骤：第一，记下你睡醒、起床、开始工作的时间；第二，记下你每天用餐、吃点心、打电话、处理其他私事的时间；第三，记录和顾客约谈的电话、顾客突然来访、为顾客提供服务所打的电话、商品展示、与顾客当面接触的时间，以及你的销售业绩；第四，记录你下班后为工作所花的额外时间。最初几天做起来也许有些困难，但是一旦成为习惯之后，业绩就会随之上升。

等到建立起自己的模式之后，就很容易改掉现有的缺点。你可以从过去的记录中，找出工作状况最好的日子、星期、月份及季节，作为日后的参考。目标要明确、远大。每个月检讨一次目标，最好是发现工作能力攀升而把目标调高，不是因为无法达到而一再降低。

下面是一些需要注意的事项：第一，不要好高骛远，如果你原本业绩平平，不要一下子想和公司的销售冠军一比高下；第二，和业绩比你好的人比较，而不是和业绩最高的人较量。如果能做一双重挑战——一方面和业绩比你好的人比较，另一方面和你自己最好的表现比较，这样一定会有收获，既有良好的业绩，又有优厚的收入。当然，只要不断向业绩比你好的那个人挑战，最后才会没有人比你更好，你就会成为业绩最好的推销员了。

把你最想要的、最期望的东西写下来，也许你会说："我想要的东西太多了，要三天才写得完。"一旦真的动笔，你会发现或许要不了那么多时间。

把你想要的东西依重要性顺序写下，也许你会同时有好几个目标，例如在高尔夫球俱乐部夺魁、在公司销售业绩领先等。然后，你就必须就这几条决定先后顺序，并把某些目标稍做调整。

接下来要做的，是找出通往目标的障碍，拟订克服这些障碍的时间表及计划，如果没有障碍，你早就得到自己想要的一切了。大多数管理专家都相信，能够认清问题，就已经解决了一半，而且克服这些障碍的速度会比你预计的快得多。克服了通往某一个目标的障碍，其他问题也就很容易解决了。

前面提到的那个梦想一年赚100万美元的年轻人，应该像拳击选手一样，每次只向高他一等的对手挑战，一步步建立信心、吸取经验。许多拳击选手就是因为好高骛远，没有足够的经验就向顶尖高手挑战，因而失败了。

希望那个年轻人一步一步来，不要一下子把目标设得太高。不妨先调查公司员工的平均收入，把第一个月的目标定得比平均月薪稍低，建立起信心，因为信心是成功的基石。接下来，可以选择比他收入稍多的同事为目标，逐步击败。最后，必然会成为最优秀的员工，赚更多的钱。

只要这样按部就班朝目标前进，这个年轻人一定会走得更远、更快，也过得更快乐。

# 要有成功的灵魂

一个初冬，一个年轻的厨具推销员坐在金克拉的办公室，他们正在讨论第二年的计划。金克拉问他："你希望明年有多少业绩？"他笑着说："保证比今年好就是了。"金克拉说："太好了，你今年的业绩是多少？"他又笑笑，答道："其实我也不知道。"这个年轻人不了解自己的立足点，也不清楚自己过去的表现，只是靠着无知所产生的自信，就自以为知道未来的方向。

不幸的是，大多数人的情况也相去不远。他们不了解自己的现状，不清楚自己过去的成就，却都自认知道自己的方向。你也是这样的人吗？如果是，幸好你及时看了这本书。

听了那个年轻人的话，金克拉向他提出一个具有挑战性的问题："你想不想在厨具业名留青史？"他眼睛一亮，兴奋地问："我应该怎么做呢？"金克拉回答："很简单，只要打破公司的最高纪录就可以了。"这一回，他的反应冷淡多了。"说得轻松，可是根本没有人能打破那个纪录。"金克拉好奇地追问原因，他说那个纪录根本就是伪造的。

这个年轻人以纪录不实为失败的借口，金克拉向他保证纪录绝对合法，并且刺激他说："既然有人可以创造纪录，就一定有人能打破。"动机是成功的灵魂，所以金克拉又用一些奖励来提起他的动机。金克拉告诉他，如果他打破这个空前的纪录，公司会把他的照片和总经理的放在一起，他听了非常高兴。金克拉又进一步告诉他，公司会以他的照片做全国性的广告，他更高兴了。最后金克拉又说，公司会送给他一个金奖杯，尽管他对这些刺激都兴趣十足，但是仍然对自己能创造高峰业绩感到怀疑。

经过金克拉的再三鼓励，他终于带着迟疑的态度答应认真考虑一下。这一点非常重要，因为随随便便定下的目标一遇挫折就会放弃。

12月26日，这个年轻人打电话给金克拉。这辈子，"从我们见面之后，我就确实记录我所做的每一件事。我现在知道每次敲门推销、打电话推销、开展售会或打开自己样品箱时，可以做成多少生意，也知道每周、每天或每小时工作可以有多少业绩。"然后又激动地告诉金克拉："我快要破纪录了！"金克拉插嘴说："不对，应该说我'已经'破纪录了！"

这么说，是因为他从未用过"如果"这两个字。在这一年中他发生了车祸，但是他没有说："如果我的车子没撞毁，我就会破纪录了！"他所爱的两个人去世了，但是他没有说："如果我家没有人去世，我就会破纪录。"十二月时，他的目标已经在望了，但是因为卖力工作，他的嗓子十分糟糕，医生警告他立即停止说话，他却做了一件事——换医生。他唯一的决定就是："我一定要破纪录！"

过去，他每年的业绩从未超过34000美元。但是这一年当中，在同样地区，以相同的价格卖相同的产品，他的业绩却高达104000美元，是以往成绩的三倍。他当然打破了公司有史以来的最高纪录，公司也依照约定奖赏他，使他名利双收。

这个年轻人学会了安排、利用时间，知道每一分钟都值得把握，积少成多，每天多了一两个小时可以利用，一周下来就多了八至十小时，一年就有四五百小时，比一般公务员整整多工作五十天。会有如此出色的成果，也就不足为奇了！

这个年轻人所做的，正是设定目标及完成目标所需要的一切原则：

第一，以记录来了解自己的现况。

第二，把一年、一个月及一天的目标都记录下来。

第三，目标非常明确。

第四，为了提高兴趣并向自己挑战，把目标定得很高，但在能力范围之内。

第五，有长远目标，不至于因为日常的小挫折而心灰意冷。

第六，把达到目标途中的障碍列出来，并且拟订克服障碍的计划。

第七，目标必须靠日积月累的努力完成。

第八，愿意做任何必要的努力去达到目标。

第九，坚信自己能够达到目标。

第十，在初期就已经预见自己能达到目标。

记住，一定要慎选和你分享目标的对象。和与你同样乐观、能给你信心的人分享目标，对你有帮助。反之，和那些对你没有信心、只会冷讽热嘲的人分享目标，对你必然有害无益。故事里的年轻人与家人分享他的目标，他们信任他，给予他支持。他也与其他人分享目标，因为他有自知之明，知道这样更容易促使自己达成目标。

这个例子虽然不一定适合每位读者，但是设立达到目标的原则却是相同的。有位母亲问道："目标这么多，我该怎么设定呢？"做母亲的一定要有远大的目标，包括教导子女如何在复杂的社会中生存，每一位都应该把教导子女快乐、健康、身心健全当作最大的目标。长远目标可以是"教导子女贡献社会"。

日常目标中最重要的一项，就是教导子女如何做事。中国有句俗话："给他一条鱼，不如教他钓鱼的方法。"可见做事懂得方法才是最重要的。教导孩子如何做事情，才是给孩子最好的礼物。

每个人的短期目标，应该都是今天尽力而为，但是明天要做得更好。未来才是你今后所要过的生活，如果能设定目标，依次奠定基石，必能搭起通往人生巅峰的阶梯。

洛莉·威而森在一篇文章中指出，"得州墨裔美人商会联合会"推选布兰妲·瑞斯为得州年度风云女性。这个有九千名会员的团体，每年选出一位事业经营最成功、最热心参与社区活动，以及最有专业贡献的职业妇女加以表扬。

瑞斯女士是一位独立的职业妇女，她拥有"革新电脑集团"。刚进企业界时，她在银行任过职。她后来发现，有一位女同事竟然在同一个工作岗位待了四十年，立刻断定这个工作并不适合她。她先申请进入新奥尔良大学，后来又决定到海军服役，不过，她日后还是回去完成了大学学业。

除了在海军服役时学到种种与荣誉、纪律有关的事之外，云游四海的经历也使她体会到必须找寻自己的专长，并且加以投资。大学毕业后，她发现自己对电脑特别擅长，因此空闲时就为没有耐性的朋友设定电脑系统。起初是免费服务，她后来发现，可以利用电脑知识来创业。1986年，她在家乡新奥尔良创立了第一个软件设计公司，后来迁到达拉斯。

身为海军老兵的布兰妲，见过各种场面及人物，因此面对一屋子大公司的大老板，她仍然可以泰然自若地展示她的电子设备。她无须向他们弯腰打拱，因为她能完全配合科技的趋势，勇敢地迁移、扩展公司。有目共睹的优异成果，使她荣登"得州年度风云女性"。

# 训练跳蚤的方法

我着手写《成功的阶梯》时，文思泉涌、轻轻松松地提笔往下写。写到"你可以到自己想去的任何地方，做自己想做的任何事，拥有自己想要的东西，成为自己理想的人"时，我对自己的杰作非常满意，告诉自己说："写得真好！"不幸的是，当时我腰围四十一寸，体重二百零二磅，我不禁犹豫了。如果有读者问我是否真的相信自己的话，我该如何回答呢？

于是，我开始重新检讨自己说过的话，结果得到一个结论：如果我真的相信，就应该照样去做；如果不相信，根本就不该写出来。接着，我又扪心自问："老金！你现在的模样真的合乎你的理想吗？"

我左思右想，只有两个办法，一个是删掉这段文字，另一个是改变自己。幸好达拉斯著名的"有氧运动中心"负责人库柏博士对有氧运动研究精深。我在该中心做了五个小时的健康检查，得到一个结论：对四十六岁的中年人而言，我的身体状况实在糟透了。医生为我列了一份详细的计划表，我决心开始身体力行。

回家之后，夫人得知我的计划，立即为我选购了运动服和运动鞋。第二天早上闹钟一响，我立即跳下床，穿上漂亮的运动服和运动鞋，在我家四周跑了一圈。第三天，我在我家周围跑了一圈半。第四天跑了两圈……

有一天，我整整跑了半里路、一里路、一里半……我也开始做伏地挺身，由六个进步到八个、十个、二十个……现在我甚至可以做一个伏地挺身，在空中拍一下手。另外我也做仰卧起坐，第一天八下，接着是十下、二十下、四十下……

结果，我的腰围及体重一路下滑，再配合适当的饮食，体重由二百零二磅减少为一百六十五磅，腰围则由四十一寸减到三十四寸。

我写下那段话之后的十个月，终于达到自己理想的身材了。

上面这段金克拉的亲身经历，牵涉到设立目标及达到目标的所有原则。这个目标是其自愿设立的，它关系着他的信用，因此他有达到目标的足够动机。这个目标很大，大到对他构成真正的挑战，他必须全力以赴，才能达成目标。但是这个目标不至于大到无法实现。反过来说，这个目标也不会太小，如果他只打算减五磅，根本没有人会注意他变瘦了。然后，当他的体重和腰围依照计划日渐减少时，亲友为他都感到非常骄傲，他们的夸奖给了他很大的帮助。他的自信大增，体力也大为改善。他花了不少时间跑步，但是工作效率却大为增加。

目标的大小相当重要。金克拉的目标非常明确，而且是长期目标。从其决心减肥到预定出书，只有十个月的时间，想要减三十七磅，简直有点不可能。但是再一想，每个月只要减三点七磅，似乎又相当乐观。要想达到目标，乐观的态度是非常重要的。

减轻三十七磅体重似乎是个遥不可及的目标，但是把这个大目标细分成每天的短期目标，想要减肥就有希望。既然体重是一点一点增加的，只能同样一点一点地去减。每减一点体重，金克拉的自信就增加一分。不错，一次成功会带来下一次成功，因此设定目标时一定要仔细，让每天都享受一点成功的滋味。

只有不断完成短目标，才能达到长远目标。记住，每完成一天的目标，就接近长远目标一步了。

设定目标时，对时间也必须有合理的限制。时间太长容易使人失去兴趣，太短又无法做到，变得毫无意义。设定的时间必须合理可行，又具有相当挑战性。如果你也有减肥问题，想要一劳永逸地加以解决，就必须遵守下列原则：

第一，这个目标必须是你自己的决定，而不是受到别人的压力。

第二，请一位瘦医生为你检查。因为体重过重的医生很可能不了解过重的危险性，无法让你口服心服，也无法在你实行减肥计划期间给你必要的心理咨询。

第三，不要用减肥药来减轻体重，因为效果绝对不会持久。如果吃药有用的话，就不会有胖医生了。

第四，找一个积极的医生，请他告诉你"可以"吃什么，而不是"不要"吃什么。减肥已经够辛苦了，何必再用种种否定的思想来限制自己呢？不要急于在短时间内减轻体重，重要的是要养成良好的饮食习惯，吃得少，但是营养要均衡。

减肥免不了要挨饿，但是与其因为体重增加而哭丧着脸，不如因为体重减轻而笑着挨饿。记住，口腹之欲只是一时的满足，但是活得更苗条、更健美，才能带给你长远的快乐。

减肥的好处多不胜数，不过要强调的是，一旦达到你所设定的理想体重，你的自我形象及自信必定会突飞猛进，并且影响到生活的许多其他层面。记住，一次成功会带来另一次成功。

为什么把金克拉的经历说得如此详细呢？不是要劝你减肥，而是因为其中包含了设定目标及达到目标的所有原则：

第一，这个目标是他自己设定的，其他人并未给他任何压力。

第二，他的信用面临挑战，因为他告诉读者可以成为理想中的自己，但是当时的他并不合乎自己的理想。

第三，必须信守承诺才能达到目标。

第四，这个目标很大，势必要采取行动。

第五，目标很明确。

第六，目标是长期的。

第七，他把长远目标细分为每天减轻一点九盎司的小目标。

第八，有计划地向目标迈进。

第九，详细检查过身体，了解自己的现况。

现在再回头谈前面那个在一年之内业绩翻三倍的厨具推销员的事。

那位推销员是怎么使业绩蹿升的呢？因为他学会了"训练跳蚤"。你知道如何训练跳蚤吗？如果你不会，就没办法成功。这是毋庸置疑的。现在，你一定想知道如何训练跳蚤，对吗？

把跳蚤放在一个有盖的罐子里，跳蚤每次往上跳，就会碰到盖子。有趣的是，跳了几次之后，跳蚤就会自动调整往上跳的高度，不再碰到盖子。这时候，即使把盖子打开，它们也不会跳到罐子外面。也就是说，跳蚤一旦给自己设定了高度，就再也跳不出这个高度了。

# 你是悲观主义者吗

有的人原本有无限的雄心壮志，想要出书、征服高山、打破纪录，或者对社会有所贡献。但是碰了几次壁，绊了几次跤之后，"朋友"开始对你的遭遇及人生表示悲观，结果你也受到影响，变成悲观主义者了。

悲观主义者往往只会接受"未卜先知者"传递给他的失败借口，后来自己也学会为失败找理由。但是，前面所说的那位热诚敬业的厨具推销员却完全不同。他非但不为自己的失败找借口，反而能设立长远目标。他把长远目标细分为每日目标：每天卖350美元的餐具。结果，他的业绩在一年之内增长了三倍。

这个故事里的年轻人，就是金克拉的弟弟乔治。他以训练跳蚤的同样原理，成为美国数一数二的演说人才及推销训练专家，忙着教导别人如何打破自我的纪录以及训练跳蚤。

罗杰·班尼斯特是位杰出的跳蚤训练专家。多年来，许多运动员都想达到在四分钟内跑完一英里的成绩，但是始终没有人能打破这个纪录。因为每当运动员抬起脚跟预备起跑时，教练的声音就会在他耳边响起："你最好的成绩是四分零六秒，恐怕很难再进步了。"医生的声音也在他脑中回响："你想用四分钟跑完一英里？别胡闹了，你的心脏会从嘴巴里跳出来的。"就连媒体及一般人也都抱着悲观的态度，认为那是超出人类体能的范围，因此，运动员始终无法达到这个成绩。

罗杰却不这么想，他是个跳蚤训练专家，因此成为第一个以四分钟跑完一英里的成绩打破纪录的人。这一来，世界各地的好手知道人类体能还可以突破，纷纷奋起直追。不到六周，澳大利亚的约翰·蓝迪也打破四分钟的纪录。时至今日，有五百多名选手在四分钟之内跑完一英里，包括一个三十七岁的人。四分钟纪录之所以能被打破，不是因为人类体能大增，而是因为它只是心理障碍，并非真正无法突破的界限。

跳蚤训练专家就是能跳出瓶子的人。他有自发性的动机，不受任何外在消极态度影响。如果你希望在人生所有层面都成功，就必须做个合格的跳蚤训练专家，所以再三阐述，希望你确实明白"跳蚤训练专家"的意义。

从未定过目标的人，突然之间要定出人生各方面的目标，可能会觉得相当吃力。乔治曾经对他手下的销售人员建议：如果你从未定过目标，最好先由一个短期目标入手。选出业绩最好的一个月，加上10%，就是一个月的目标。找出业绩最好的日子，写在案头可以一眼看见的地方。算出要达到上述目标的每日平均业绩，写在最佳业绩日的下面做个比较，后者一定比前者高，你就应该对第一个月的目标充满信心了。

一个月之后，如果达到目标，就可以设立一季的目标。如果目标没有达到，就重新设定目标。第一个目标达到之后，才能继续订立第二个目标。把月目标乘以三，加上10%，就是季目标。把季目标分成十三份，就是每周的平均业绩，和以往业绩最好的那个星期比起来，前者一定比后者低。这样一来，你对季目标的成功应该信心十足了。

达到季目标之后，就要定年目标了。把季目标乘以四，再加上10%，就是年目标。增加10%相当合理，而且一次次累积下来，成绩也相当可观。同样，把以往业绩最好的一个月写在纸上，再算出年目标下应有的平均月目标，写在下面做个比较，自然又会信心十足地达到目标了。

众所周知，有很多无法控制的外来因素，如玩具、游泳衣、苗圃等行业都有季节性，必须加以调整，才能补偿你无法控制的改变。但是一旦置身其间，你会发现季节因素的影响力并没有你所想的那么大。淡季反而可能比旺季有更好的业绩。

第一季过后，你会对设立生活其他层面的目标跃跃欲试，一次成功会带来另一次成功，只要迈开脚步，就已经踏上成功之路了。

# 走进目标之门

看了下面这个胡蒂尼的故事，可以帮助你更接近目标。

胡蒂尼是位魔术大师，也是技术高超的开锁高手。他曾夸下海口，说是只要让他穿着外出服走进监狱，他可以在一小时内逃出任何监狱。当时，爱尔兰岛的一个小镇新建了一座监狱，于是向胡蒂尼提出挑战。胡蒂尼十分乐意接受这个可以名利双收的机会，欣然应允。他得意扬扬地走进监狱，牢门关上之后，他立即脱掉外衣，信心十足地开始工作。三十分钟后，他的表情变了。一小时后，他全身汗如雨下。两小时后，他体力不支，倒在门上，门立刻应声而开。原来这扇门根本就没有锁，不是不可破。其实胡蒂尼只要轻轻一推，就可以打开那扇门。许多时候，你只需轻轻一推，就可以打开门。

在生命的竞赛中，只要你设定目标，打开心门，世界就会向你打开成功之门。其实，大多数上锁的门只存在你的心中，相信你看到这里，已经敞开心门了。

也有预先看见成果的人，奈斯梅少校从前打过球。令人惊讶的是，他再度上场时，竟然打出七十四杆的漂亮成绩。在七年之中，他完全没有接触高尔夫，身体状况也非常差，一直住在四尺半高、五尺长的牢房里，因为他成了囚犯。

那七年的战俘生涯中，他有五年半完全独处，不能见任何人、和任何人说话，也无法做日常的体能活动。最初几个月，他什么都没做，只是祈祷自己赶快被释放。后来他知道，如果要保持身心健康，继续活下去，就要做些积极的活动。他选择了自己最喜欢的高尔夫球，每天在牢房里打。

怎么打呢？他每天在心里整整打完十八个洞，所有细节都一一地在他心里展现。他"看见"自己穿着高尔夫球装，在各种不同的天气状况下打球，他"看见"球场上的一草一木、一鸟一石，也"看见"自己拿球的姿势，还告诉自己左臂要伸直，眼睛要看着球。他还"看见"球飞过空中，掉在地上，滚到他所选的位置。

就因为奈斯梅少校能在心中"看见"自己努力的结果，所以得到了可喜的成果。这七年之中，他每周练习七天，每天练完十八洞，从未有任何一杆不进洞。每天在心里打高尔夫球要花四小时的时间，也使他始终保持身心健康。他的故事告诉我们：要想达到目标，一定要预先在心中"看见"自己成功。

如果你希望加薪、升迁、成绩进步、蛋糕做得更好、拥有理想中的房子……务必再仔细读一遍这个故事。每天花几分钟照着程序练习一遍，有朝一日，你就会发现自己已经达到目标了。

这就是"没有压力的练习"，运动员上场之前、医生实习之前、推销员开展示会之前，都必须过这一关。不论你从事哪一行，有了足够的"没有压力的练习"，遇到有压力的情况，也就能够应对自如了。

至于减肥的过程，可以把一张身材适中的同性照片铭记在心，并且决心变得像他（她）的身材一样标准。千万别再把自己看成是个胖子，结果会如愿以偿，变成自己理想的体形。不错，要想达到目标，一定要预先"看见自己成功"。

著名演说家赫塞·威尔逊曾谈到童年在东得州和两个玩伴一起在废弃的铁轨上玩的故事。

他的两个朋友，一个身材中等，另一个一看就知道从来不会少吃一顿饭。几个孩子彼此挑战，看谁能在铁轨上走得最远。赫塞和第一个朋友总是走不了几步就跌下来，那个胖男孩却一直往前走都不会摔下来。赫塞不禁好奇地追问他有什么秘诀。胖男孩告诉他们，他们两个人一直看着自己的脚，所以一再跌倒。胖男孩却因为太胖，看不到自己的脚，只好看着铁轨远处的一个定点（长远目标），朝看得见的目标走过去，走近之后，再选择另一个较远的目标，继续往前走。

胖男孩的话很有哲理，如果老是盯着脚，只能看到铁锈和杂草。如果眼光投向远处，就能"看见自己要达到目标"。

如果赫塞和他朋友在铁轨上手牵手往前走，也永远不会跌倒。这就是合作。很多人以为只有欺骗别人、占人家便宜才能成功，事实刚好相反。

加拿大野雁天生就知道合作的价值。它们飞行时总是成V字队形，一边比另一边长。这些野雁会定期更换领队，因为领头的承担迎面而来的强风，替左右两旁的同伴减少了飞行阻力。科学家发现，在风洞试验中，一群野雁可以比一只野雁多飞72%的距离。同样地，人类彼此合作，而不是钩心斗角时，也可以飞得更高更快。

我们最大的动力来自家庭，尤其是配偶。如果夫妻彼此同心协力，而不只是陪在旁边，就能更快、更容易达到目标，也更能享受其中的乐趣。

如果配偶对你所做的事毫不关心，应该设法让他了解你的想法，告诉他的合作及赞同对你深具意义，必然能使你们在过程中收获丰硕。如此建立亲密关系及共同兴趣，就是大目标之下的美好小目标。世界上的事就是如此，了解自己方向的人，不但所受阻力最小，而且会天助自助。

# 做你最感兴趣的工作

## （一）如何选择职业

宗教学家爱德华·黑尔就如何选择职业，有着许多精辟的论述。我们把它们概括如下：

第一，要考虑工作本身性质，它对个人、对社会是有益还是有害的。例如，你千万不能做强盗或土匪；千万不要选择对你同胞构成伤害的职业或工作。当然，你可以生产枪炮，因为它们除用来杀人外，还有其他用途。但是，作为一个销售饮料的商人，千万不要销售假冒伪劣产品。

第二，对两种职业进行选择时，要看哪一个更有利于你的身体健康，更符合自身的条件。

第三，把你在以前某一领域中所获得的资源或经验带到一个新的领域，你和别人拥有均等的机会，这样做也是合理的。那些敢于把自己作为一个新天地的开拓者的人，往往会成为该领域的创始人。

第四，假如你知道自己在某一领域有特别的才华，那么，就选择它作为自己的职业。

第五，如果就目前来看，任何工作或职业，对你来说，似乎都不会有什么广阔的发展前途。不要为此感到难过。随着年龄的增长，你会得到正常的提升。我们当然应该及早选择一种最适合自己的职业，但也不能过于急躁，仓促行事。

第六，不要从事任何政府部门或国家法律所不允许从事的职业和工作。因为，对每一个公民来说，在他所生活的社区，他都必须遵守公共道德，遵守社会规范。

当然，不管怎么说，任何建议都带有建议者的思想倾向。选择职业是一件十分困难的事情。但是，它又是一件极为重要的事情。前面，我们曾经把职业的选择称为人生的紧要关头。问题的关键就在于要做出正确的职业选择，做出了错误的选择，你就可能稀里糊涂地度过一生。

有这样一个人，一开始他当了一名药剂师，两年后他又当了一名外科医生，接下来，他去当了牧师。没有过多久，他又跑去当兵。当兵之后，他又继续去当牧师。现在他又是一名医生。人应该保持一定的职业的稳定性。然而，世界上像他这样的人成千上万。有的人本来应该去当医生的却当了法官；有的人本来应该去当农场主的却当了牧师；有的人本来是应该去当牧师的却当了手工匠；在选择职业的过程中，有的年轻人只考虑他们的衣着和双手。他们只想穿漂亮的衣服，使他们双手保持白净细嫩。这些就是不利因素，那么，阻力就会被大大强化，成为一种超过实际的、极为可怕的力量。相反地，如果你在精神上自信，对你所拥有的有形的和无形的资产重新估价，并且时时想到这些有利因素，充分发挥它们的作用，那么，你就可以从任何艰难险阻中走出来，无往而不胜。

（二）如何培养自信心

自信心的强弱主要取决于平常主宰你精神的思维方式。如果你想到的是失败，那么你面临的将是失败。如果你想到要自信，并且让它成为起主导作用的习惯，那么，不管你遇到什么样的困难，你都会克服它们的。

诀窍就在于要对自己充满信心，心里要有一种踏实感、安全感。这样，就会驱除内心的恐惧和不自信。一个人的精神面貌可以在几周之内发生翻天覆地的变化。可以从一个彻底失败者变成一个充满自信、充满激情的人。他可以充满勇气和魅力。通过简单的思想调整，一个人能够重新获得信心和力量。

怎样才能培养自信心呢？这里有几条行之有效的克服自卑、增强自信心的方法。很多人在生活中应用过这些原则，都取得了良好效果。按照这些方法行事，你也会培养起自信心，也会对自己能力有一个崭新的认识。

第一，在心灵深处，对自己未来发展，要有一个稳定、恒久的远景目标和规划。牢牢地把握这一目标，切不可让它消失。你要在精神中寻求，使这一目标更加明晰。决不要把自己想象为一个失败者，决不要怀疑你的目标的实现。那是最危险的思想。因为你的精神一直在为你的目标的实现而努力。所以，不管目前的情况是如何的糟糕，你都只能设想"成功"。

第二，无论何时何地，只要影响你的消极思想一产生，理性的声音、积极的思想就应立即把它驱逐出去。

第三，在想象中，不要设置任何障碍物。要藐视任何一个所谓的障碍，把它们减少到最低限度。对困难事实要经过研究，采取切实有效的办法把它们消灭，但是，只有当困难确实存在的时候才能考虑对策。千万不要因为畏难心理过高地估计它们。

第四，不要因为敬畏别人而模仿别人。伟人们伟大那是因为你自己跪着。没有谁会比你更有效率。记住：大多数的人虽然表现出自信，但他们也经常像你一样感到恐惧，对自己表示怀疑。

第五，找一个合适的咨询医生，让他帮助你找出你自卑和信心不足的根源，它们往往是从孩童时代开始的。认识自我是很重要的。

第六，每天念诵下面这句话十遍，如果可能大声念出来："靠着造物主所赋予我的力量，凡事都能做。"这是克服自卑思想的最奇妙的力量。

第七，正确地评估自己的力量，然后，把它提高10%。不要变成一个自我中心主义者，但是要保持应用的自尊，相信造物主所赋予你的力量。

我们常常看到这样的情况，有些人博学多识，但所从事的职业与他们的才能不相配，结果竟使原有的工作能力都失掉了。由此可见，不称心的职业最容易毁灭人的精神，使人无法发挥他的才能。

做事必须要有远大的志向，才能聚精会神、全力以赴。世上没有什么比不称心的职业更能摧毁人的希望、践踏人的自尊、使人丧失内在的力量了。那些对工作不称心的人，别人常常可以从他的脸色、举止及态度上看出他的不快乐，他们通常脸上没有笑容，说话走路做事都是懒洋洋的，提不起一点精神。

有的家长强迫子女从事他们不称心的工作，那些可怜的孩子常常感到无比压抑、痛苦，又不知所措。家长们当然认为自己是为孩子好，当然希望子女们能在事业上步步高升，崭露头角。但是，他们一点也不考虑子女的个性志趣，家长的一番好意不仅对子女无益，反而阻碍了子女的发展，葬送了他们一生的大好前程。

一般的家长常常根据自己过去的经验，把自己的观点强加给子女。对于那些在某一领域大有成就的家长更是如此，由于他们本身对某一事业大感兴趣而大获成功，所以想当然认为也要引导子女们走这条路。其实，他们这样考虑是毫无道理的。时代在不断进步，环境在不断变迁，以前对现在不一定对，现在对的未来也不一定对。但是这些家长全然不明白，一意孤行。所以，奉劝那些准备择业的年轻人，一定要根据自己的个性来选择，对于父母的意见要仔细地研究清楚，不可盲目听从。

在择业上有一句金玉良言："做你最感兴趣的工作。"当年轻人获得了一份称心如意的工作时，家长如果还对他喋喋不休，对他的职业品头论足，会使他陷于失败与烦恼的苦海中。相反，父母应该积极鼓励他，帮助他解决工作中存在的问题。

当你的父母、同学、朋友都劝你去做个大律师、大政治家、演说家、医生、艺术家或工程师时，千万不可草率决定，应该三思而行，在仔细分析观察自己的个性特征和兴趣后，坚定意志去做最合你心愿的工作。

（三）上面永远是好的

第二次世界大战期间，美国研制出一种有"头脑"的鱼雷，具有强烈的毁灭性。鱼雷瞄准目标之后，就会在目标上建立标的。不论目标如何变换方向，鱼雷都会紧追不舍。妙的是这种鱼雷是仿造人脑设计的，也就是说，人脑中也有一种东西，能在目标上立定标的；即使目标改变位置，或者你一时分心，只要找到"标的"，仍然可以命中目标。

各行各业的专家都会告诉你，在其投球上篮、推销成功、挥杆进洞……之前，都会预先看见自己达到目标。也就是说，在他们采取行动之前都已经立下了"标的"。

做母亲的人如果有心成为更好的母亲，就应该找到自己的标的，并且预先看见自己达到目标，也就是看见自己做好母亲应做的事。同样道理，如果你是学生，有心做更好的学生，就要把自己看成更好的学生，做好学生应做的事。这样一来，体内无形的力量就会把你推向你的目标。

多年前，一群志同道合的登山者组织了一支探险队，预备破纪录征服阿尔卑斯山的马特合恩峰。记者采访来自世界各地的好手时，问到其中一名队员："你曾登上马特合恩峰吗？"那人回答："我愿尽力而为。"第二个人答道："我会全力以赴。"第三名队员回答："我一定会好好努力。"最后问到一个年轻的美国人，他用坚定的眼神看着记者说："我一定会成功。"结果，只有一个人成功地登上马特合恩峰，就是那个说"我一定会成功"的年轻人，因为他预先看见自己成功了。

信徒彼得在水面上走了一段距离，才开始往下沉，《圣经》上清清楚楚地说，他看见狂风之后感到害怕，当时就开始往下沉。他在风中看见了什么？为什么会往下沉呢？显然是因为他的眼光离开了目标——耶稣基督。眼光一旦脱离目标，你也同样会下沉。也就是说，只要你预先看见自己达到目标，不论是肯定的还是否定的目标，都会真正达到目标。

眼光注视着目标时，成功的机会就会大大增加，不论你注视的是胜利的目标或失败的目标都一样。

有一个年轻水手，初次出海就在北大西洋遇上了暴风雨。船长命令他爬上船桅调整帆的方向。年轻水手向上爬时犯了一个错误——低头向下看。船身不断摇晃，巨浪滔天，看起来非常可怕。年轻人吓得失去了平衡。这时，一名老水手在下面喊道："往上看！往上看！"年轻人赶紧抬头往上看，果然又恢复平衡。

遇到不顺利的情况，看看自己的方向是否正确。如果往前看不乐观时，不妨往上看——上面永远是好的。

你现在相信设定目标的重要性了吗？有没有开始记录，找出自己的起点？有没有开始设定目标？有没有列出达到目标之前可能碰到的障碍？你是否能预先看见自己完成目标——至少是一部分——呢？如果你的答案是肯定的，请在成功阶梯的"目标"两字上画一个大圈，然后在"神来之笔"笔记本上写下三十天内的目标。

把目标写在卡片上，字体要清晰、易读，把卡片拷贝保存，随身携带，每天复习。目前，"行动"就是我们的目标。记住，世界上最大的火车静止不动时，只要在其车轮前面各放一根一寸长的木头，就能使它固定在原地不动。然而，同一辆火车以时速一百里行驶时，却能穿透五尺厚的水泥墙，力量的确惊人。你采取行动的时候也是一样情形，现在就立即采取行动，冲破挡在通往目标途中的障碍吧！

现在你已经踏上第三阶，准备迈向第四阶了。你可以用笔在第三阶上写上：这就是我——正在步步高升！

# 创造美好的人生

相信许多人都会同意，三岁的孩子就断了双臂，实在是人间一大悲剧。尚·保罗·布克就遇到了这个悲剧。但是，他和父母亲很快就接受事实——他这辈子都不可能再长出双臂，应该尽力设法适应，发挥他所具有的长处，不要整天为失去的东西唉声叹气。

大多数人失去一部分肢体或财物，都会表现出"我什么都没有了，一切都完了"的态度。尚·保罗却不会这样埋怨，他在父母鼓励下，找到了自己的路。有他这样的儿子，任何父母都会引以为荣；像他这样的队员，任何教练都会张开双臂欢迎。现在的尚·保罗是个活泼、热心、积极的年轻人，如果有人说他做不到某件事，他反而更会千方百计努力去做到。他会踢足球、用脚写字、用脚控制除草机、游戏、滑雪、溜冰、踢橄榄球。

橄榄球队教练鲍伯·汤普森说，尚·保罗是个愉快的球员，队友说他踢的球又准又狠。大家都敬重他，教练夸他是个了不起的球员，"他根本不觉得自己有任何障碍。他唯一不打的前锋与中卫间的位置，只要有办法克服困难，他一定会努力做到"。在他心里，几乎没有克服不了的障碍。即使偶尔有难过的时候，也很快会烟消云散。

尚·保罗必定会有灿烂的人生，事实上，他现在已经非常杰出，完全可以做许多人的典范。希望你也能向这个积极向上的年轻人看齐。

# 第六章　注意心态问题

　　谈到成功的时候，许多人坚信态度是一切。实际上，态度确实很重要，但它不是一切。不过，请记住一点，态度虽然不是唯一对成功有益的东西，但它却是成功的最重要的因素之一。

# 态度非常重要

你想不想赚更多的钱、活得更潇洒、减少疲惫、增加效率、对社会更有贡献、身体更健康、与家人相处得更加和睦呢？只要你有正确的心态，这些事都可以实现。

美国有多所学校教人做各种事，从修指甲到操作重机械、烫头发……无所不包。但是除非你有正确的心态，否则任何一所学校都不能教你如何出类拔萃。一件事能否成功，要看个人的态度如何。简单地说，态度比天资更重要。

根据哈佛大学的研究，85%成功的原因，是由于态度正确，只有15%才是因为技术卓越。

美国"心理学之父"威廉·詹姆斯说，当代最重要的发现，就是"改变态度，就可以改变一生"。换句话说，目前的态度并不一定能决定你的未来，你仍然可以改变它。本书所要教你的，就是如何拥有积极的人生态度。

态度这个主题有许多层面，其中之一与"乐观"有关。乐观的人穿破了鞋子，会很高兴自己又可以脚踏实地了。罗勒·舒勒比喻得好，悲观的人说："我看见了才相信。"乐观的人却说："只要我相信，就会看见。"乐观的人采取行动，悲观的人却只会守株待兔。乐观的人看见半杯水，会说杯子是半满的；悲观的人看见半杯水，会说杯子是半空的。理由很简单，前者会再加水进去，后者却会把水倒出来。对社会没有贡献，只知一味取之于社会的人，必然很悲观，而且通常都是宿命论者，因为他始终担心得到的不够多。尽一己之力奉献社会的人，是乐观的、自信的，因为他遇到问题总是自己设法解决。在人生的征途中，成败往往只是一线之隔。

例如，闻名世界的赛马纳修，在赛马场上出赛不到一小时，就可以赢得百万元奖金，这是经过几百小时训练的结果。纳修的身价的确值100万美元，是稀有的好马。100万美元也可以买一百匹价值一万元的马，百万元的马跑得是否比一万元的马快一百倍呢？当然不可能。

那么，百万元的马到底比一万元的马速度快多少呢？阿灵顿杯马赛的赛程共长一又八分之一里，冠、亚军的奖金相差十万元。在一次比赛中，冠、亚军仅仅相差了一寸，而这一寸之隔就相差了十万元。

1974年肯塔基达比杯马赛中，获得第一名的骑师得到27000美元奖金，不到两秒钟后，第四名的骑师也抵达终点，但是他只得到30美元奖金。人生的所有比赛都是如此，无法改变规则。我们学会规则，全力以赴。

事实证明，胜负之分、成败之别往往就在一些小节上。例如手表慢了四小时绝对不成问题，因为一看就知道时间不对。但是如果只慢四分钟，问题可就大了。例如要赶十点钟的飞机，你却十点四分才赶到，那就绝对赶不上了。

人生的各种竞赛，成败之间往往只有极小的差距，但所得到的报酬却有天壤之别。

"几乎"谈成的买卖拿不到佣金，"几乎"要成行的旅游根本没有趣味，"几乎"可以升级也没办法加薪。而成败的关键就在于正确的心态。

为成绩读书的学生，固然可以得到好成绩，但是为求知而读书的学生，必然会得到更好的成绩和更丰富的知识。如果你只为薪水工作，虽然可以得到薪水，但是数目不会很大。如果你为了公司的前途而工作，不仅会获得高薪，也会使自己有成就感及受到同事的敬重。

一谈到"态度"，多数人都会想到积极与消极两种态度，我们先看看大家最熟悉的积极态度。

说到"积极思想"，金克拉的小女儿苏珊10岁时的一句话，可说是这个语词的最佳定义了。当时，金克拉刚从佛罗里达州主持海军的座谈会回来，家人到机场接他回家。他兴奋地谈着途中的细节，无意中听到苏珊的朋友问她爸爸是做什么的。苏珊告诉她金克拉专门卖"积极思想那种东西"。小女孩问她什么叫"积极思想那种东西"，苏珊解释道："噢！就是心里很难过的时候，能让你非常高兴的东西。"这句话说得真是妙极了。一个人的思想确实左右他的未来。

你一定听说过有些夫妇结婚多年却没有子女，于是领养了孩子。不到一两年，他们自己也生育了，这表示什么呢？的的确确有许多人因为生理因素无法生育，但是却有更多人是因为心理因素的影响。

许多夫妇久婚不育，担心后继无人，于是领养了孩子。这时候，就有许多亲友告诉他们："我的表姊（妹妹、朋友、邻居……）本来听医生说不能生育，就领养了孩子。没想到几个月之后就怀孕了，如果你们也一样，岂不是太妙了？"

头脑对我们最忠了，人发出的指令，它总是唯命是从。这些夫妇原本一直告诉自己的头脑："我们不能生育。"身体就执行脑的命令没有生育。后来，朋友把相同状况下的积极例子告诉他们，夫妇俩不免彼此勉励："如果我们也像他们一样，岂不是太妙了？"故事的结局一定可想而知了吧！

金克拉曾到密歇根州的一个餐会为房地产经纪人演讲，那是一次令他永生难忘的经历。演讲之前，金克拉愉快地和左边的绅士寒暄，这是他当天所犯的最大错误。金克拉问他最近生意如何，原以为他会谈得口沫横飞，没想到他却大吐口水。他告诉金克拉工人正在罢工，所以根本没有人买鞋子、衣服、车子，当然更没有人买房子，他消极的态度深具传染性，金克拉想只有这个人离开，房里的气氛才会好起来。

幸好后来有人问他问题，金克拉赶快跟右边的女士交谈。问她："最近好吗？"这个问题有很大的发挥空间，结果你猜她说什么？"金克拉先生，你知道工人正在罢工……"他想："天哪！又来了！"接着，她绽放出动人的笑容说："所以生意好得不得了，大家现在都有空仔细选购理想的家园。他们对美国经济有信心，知道罢工迟早会结束。最重要的是，他们知道现在是买便宜房子最好的时机，所以生意真是应接不暇。如果再继续罢工六个礼拜，我今年就可以开始休假了。"

同样一场罢工，可以使一些人面临破产，也可以使一些人致富，其中最大的差别就在于他们的态度。你的工作也是如此，如果你的思想消极，工作必定死气沉沉，毫无起色；如果你的思想积极，工作也必定得心应手。

积极的态度会带来积极的结果，因为态度具有传染性。热忱就是一种积极的态度，好牧师和伟大的牧师、好母亲和伟大的母亲、好推销员和了不起的推销员之间的差别通常就在于是否具有热忱。

假的热忱不会随着情况起伏，它是一种生活方式，是内在感情的表露，而不是来讨好他人的工具。热忱的人无须大声喧哗，但是他们的一举一动都表现出对生命的爱，以及生命对他们的意义。有些热忱的人的确嗓门很大，但嗓门大并非是热忱的必要条件；反之，嗓门大也并不一定代表热忱。

爱伦·贝勒密为人非常热忱，他发现大多数人都让环境控制自己的态度，而不能用态度来控制环境。情况顺利的时候，他们的态度就好；情况不顺利的时候，他们的态度也跟着变坏了。爱伦认为这是不正确的，人应该建立坚固的态度模式，无论情况好坏，都应该保持良好的态度。

爱伦退伍之后，母亲就邀他共同经营她的杂货店，店很小，但是生意很好。爱伦的母亲相当能干，把孩子教育得非常好。

从小母亲就灌输他们一个观念：有一天你们一定会出人头地。于是爱伦向银行贷了一笔不小的款项——95000美元——经营超级市场。由于经营得当，声名远播，大家都认为这里是经营超市的地点，闻风而来，六个月之内，当地新开了一家连锁超市。爱伦和四名员工参加了一连串研讨会，其中有一场谈到热忱的重要性。研讨会结束的当晚，爱伦决定今后要求自己和员工以五倍的热忱对待顾客，顾客从一进门到离开店里，处处都受到热烈的欢迎，生意当然很好。短短四周内，营业额由每周15000美元蹿升到3万美元——以后也一直维持在这个水准之上。

爱伦所住的小镇，人口并没有暴增，竞争的连锁超市也没有歇业，它的改变是因为爱伦注入的热忱。他始终本着这种精神做生意，因此扩展了二十六家非常成功的分店。1974年经济不景气时，爱伦的公司却赚到有史以来最大的利润。公司里上上下下都充满热忱，因此几乎没有人离职。爱伦和大多数成功的生意人一样，相信只要多为员工的利益着想，员工自然会为公司着想。

有一名船夫每载送一个客人，就可以收入一角钱，有人问他每天来回多少次，他答道："我尽可能多来回几趟，次数越多，赚的钱也越多；如果不渡河，就一点收入也没有了。"

大脑所吸收的资讯，能够决定你的成就及想法。改变你所吸收的资讯，就可以改变你的想法及成就。

1979年，金克拉投资一大笔钱买了一部电脑，这部神奇的机器可以处理存货、薪资、顾客名单、标签……甚至煮咖啡、打扫厨房，他非常喜爱！但是六个月后，他却恨不得以低价卖掉它。

但现在即使给他十倍的价钱，他也不愿意出售，为什么呢？因为他们最初雇用的程序设计师把电脑弄得一塌糊涂。直到有一天，玛丽莲和大卫走进他的办公室，保证可以让那部电脑恢复神奇的功能，金克拉立刻满怀期待地请他们动手。不久，电脑真能做到有求必应，甚至有过之而无不及。电脑的确很神奇，但是它"输出"的东西决定于"输入"的东西。电脑绝对不比设计它程序的人聪明，你也一样。你的思想、行为、表现，都决定于你所"输入的程序"。

你和电脑之间最大的不同，是你可以选择程序设计师。如果你的成就不如自己的期望，也许是你选错了程序。本书的目的之一就是为你"输入"好的程序，帮助你做自己想做的事，成为自己想成为的人。

态度是成功与否的关键。下面这个发生在几千年前的故事，可以证明这是千古不变的道理。

身高九尺、体重四百磅的巨人向以色列的子民挑战，十七岁的大卫来探望几个哥哥时，问他们为何不接受巨人的挑战，他们认为巨人太高大了，不可能打倒。大卫却认为巨人的身子这么庞大，一定能够命中。他决定和巨人较量，哥哥都以为他疯了。显然哥哥是拿自己的身材和巨人九尺的身材相比，大卫则是把巨人和上帝相比，巨人当然微不足道。结果，大卫赢了。

# 你认为能你就能

进入未知领域，产生畏惧心理是很正常的，应该如何克服这种怯懦和畏惧呢？让我们来看看克里蒙特·斯通还是孩子的时候，是如何面对这个问题的。

斯通小时候，非常胆小。家里来了客人他就躲到另一间房间去，打雷的时候他会躲到床底下。有一天，斯通突然想："如果雷真要打下来，我就是躲在床下或屋子里的任何地方也一样危险。"因此，斯通决定征服这种畏惧。机会来了。有一天，风雨雷电交加，他强迫自己走到窗前，观看闪电。奇妙的是，他开始喜欢观赏雷电从天空打下来的美丽景象。从那以后，没有一个人比斯通更喜欢观赏雷电交加的奇景。

人遇到新的事情，处在新的环境中时，都会感到某种程度的畏惧。如何才能克服这种畏惧心理呢？以下是斯通的经验：

第一，相信就是能力，我们怎么想，事情就会怎么变。我们要想成为坚强有才干的人，就要永远记住这个成功的准则："你认为能你就能"，并且把它注入我们的意识之中。

恐惧之所以能打败我们，使我们不敢前进，自觉虚弱渺小，那是因为我们的心智受到了恐惧的左右。一旦我们无视这种危机，信心就会使我们产生一种一直隐藏着而没有发挥出来的超级力量，使我们做出超乎寻常的事来。

第二，不要把自己限制在狭窄的范围内，你必须发现真正的自我。要记住，没有任何人或任何事可以击败你，只要你不被自己软弱的心理打败。

一只在养鸡场孵化长大的老鹰，一直未觉得自己与小鸡有什么两样。直到有一天一只了不起的老鹰翱翔在养鸡场的上空，小鹰才感到自己的双翼下有一股奇特的力量在火热的胸腔里猛烈地跳着。它抬头看老鹰的时候，一种想法在心中："我和老鹰一样，养鸡场不是我待的地方，我要飞上青山，栖息在山岩上。"最后它飞上了青山，到了高山的顶峰，它发现了自己伟大。

每个人都有创造的潜能，不论遇到什么困难或危机，只要冷静而正确地思考，就能产生有效的行动，创造奇迹。

第三，你可以取得比以前更伟大的成就。人的本性中有一种潜在的不可征服的本质，不论遭到什么样的失败，你仍能走出困境，登上成功的顶峰。

有些人太容易接受失败，有一些人虽然一时并不甘心，但是麻烦和挫折消磨了他们的志气，最后也就放弃了奋斗。只有具有坚定信心和勇气的人，才能历经人生坎坷去奋斗，获得最后的胜利。

正视你的畏惧，认清它的真面目，并且坚定地抗拒它。采取坚强的行动，站起来面对畏惧，下定决心，永远不让畏惧左右自己，即使在平常的生活中，也不要受畏惧的支配。

李先生对自己公司的工作状况不太满意，于是在开会时宣布："各位，我觉得本公司目前的工作状况不佳，想要重新整顿。我身为公司的首脑，应该以身作则。从今以后，如果我表现得很好，希望大家也能效法；如果我自己不好，即使各位做得不好，我也不会责怪大家。我相信，如果每个人都能尽忠职守，公司一定会有光明的前途。"

李先生的立意很好，但是仅仅几天之后，他就在郊区的俱乐部里和朋友聊天忘了时间。等他猛然想起来，立刻夺门而出，飞车赶赴公司，不幸却因为超速而接到罚单。

李先生怒不可遏，自言自语道："太过分了，像我这么循规蹈矩的公民，还要开罚单给我！那些警察不去抓犯人，却来找我的麻烦。难道开快车就一定会发生危险吗？太可笑了！"

他走到办公室时，为了转移别人的注意力，立即把推销部经理找来，愤怒地质问销售计划进行得如何。经理回答："不知道怎么回事，生意没谈成。"

这下子，李先生更火上加油，斥责道："你在公司十八年了，眼看着扩展公司的大好机会被你弄吹了，你不觉得对不起公司吗？告诉你，你要是不想办法把生意拉回来，我就炒你鱿鱼。别以为你在公司待了十八年，就吃定了公司！"

推销部经理满肚子火，一边走出去，一边在心里嘀咕："十八年来，要不是我，公司会发展得这么大吗？只不过没有谈成一笔生意，他就威胁要开除我，太过分了！"

他回到办公室，就把秘书叫进来质问："我今天早日给你的五封信打完没有？"她回答："没有！你不是叫我一定要先把希德公司的账算出来吗？"推销部经理破口大骂："不要找借口！告诉你，今天一定要把那五封信寄出去，要是你做不到，我就换个能做到的人。别以为你在公司待了七年，就吃定了公司！"

秘书小姐当然也气得两眼冒火，踩着高跟鞋走出去，一边在心里念道："神气什么嘛！我为公司效忠三年，做的工作比其他三个人还多。要不是我，公司哪会有今天。我又没有两双手，一下子做不了那么多事。想开除我，你以为你是谁呀？"她像一阵风似的走到总机小姐面前说："我有几封信要你打，虽然这不是你的工作，可是你除了偶尔接接电话，什么事都没有，何况这是急事，今天一定要把信寄出去。要是你做不到就告诉我，我会找个能做到的人。"

她一走，总机小姐就咬牙切齿地说："莫名其妙！我在公司最辛苦，薪水最低，还要我做额外的工作。他们整天喝咖啡、聊天，做不了一点事，每次忙不过来就找我的麻烦，太过分了！想炒我鱿鱼，门都没有！加两倍的薪水，也没有人肯做这份工作！"

她满怀怒火，回到家时已经气得七窍生烟了。一进门，她就看见十二岁的儿子躺在地板上看电视，又看到他裤子后面裂了一条大缝，立刻高声质问："说过几百遍了，叫你一回到家里就换衣服，听不懂吗？妈妈辛辛苦苦赚钱养这个家，你连这一点小事都做不到吗？马上去换衣服，今天晚上罚你不许吃晚饭，三个礼拜不准看电视。"

她十二岁的儿子一骨碌爬起来，一边跑出去，一边抱怨："太不公平了！我替妈妈做事的时候不小心弄破了裤子，可是她根本不听我解释。"这时，家里的猫咪不声不响地走过他面前，他狠狠地踢猫一脚说："滚出去！没事挡什么路！"

不用说，在这整个事件中，只有猫咪无法把怒气发泄到别人身上。在此想问一个非常简单的问题：如果李先生直接到总机小姐家踢那只猫一脚，事情不就单纯多了吗？

还有一个更重要的问题：你最近拿谁的猫出气呢？想想看，你对和蔼可亲有什么反应？你对好天气有什么反应？相信你也能和蔼可亲、温文有礼地回报对方，但这是任何人都做得到的，没什么特别值得夸奖的。

再想想，如果到餐厅用餐时，碰到一个尖酸刻薄、动作缓慢、粗鲁无礼的侍者，你会有什么反应？早上匆匆忙忙赶着上班，偏偏一路塞车，又碰上阴雨绵绵的冷天，你有何感想？你会因为外物影响你的心情，还是能够了解别人"踢他家的猫"与你无关？后面一辆车的司机不管前面车情况多严重，一个劲儿猛按喇叭，你有什么反应？回头狠狠瞪他一眼，恨不得臭骂他一顿，还是置之一笑说："他踢他的猫，与我无关，我用不着踢我的猫。"

夫人把别处受的气发泄在你身上时、月考只考了七十多分时、错过一次"跳楼大拍卖"时、受到上司数落时……你有什么反应呢？面对这些消极情况时的态度，就是决定你一生是否成功、快乐的关键。

街上的流浪汉、社团领导人、成绩优秀的学生、白手起家的富翁、模范母亲……他们都曾经面对失败、伤心、挫折，但是因为面对困境时的"反应"不同，因此有不同的结果。流浪汉遇到问题时，只会麻痹自己，逃避现实。其他人则不然，他们遇到同样或甚至更大的问题时，会积极面对问题，设法解决，因此变得更坚强、更成功。

我们不能防止生活中会有哪些遭遇，但是可以调整自己的态度去面对各种状况。下一次别人用言词侵犯你时，你就知道那是他在踢自己的猫，犯不着跟他一般见识。最重要的是，你要学会如何用积极的态度去面对消极的处境。

下一次有人拿你出气，你就面带微笑地问他："今天有人踢你的'猫'了吗？"

有一幅画，画的是魔鬼和一个年轻人在下西洋棋，魔鬼刚刚下了一着棋，眼看就要吃掉年轻人的国王。年轻人脸上写满了沮丧和挫折。有一天，西洋棋大师保罗·麦瑟也来观赏这幅画。他左看右看，忽然目光一亮，对画中年轻人欢呼道："不要放弃，你还有一步可以走。"你也和画中的年轻人一样，"永远"还有一步可以走。

最后还得说明一点，态度像流行性感冒一样，具有传染性。如果你想感冒，就多和感冒的人接近；如果你想感染良好的心态，就多和有良好心态的人接近。如果一时找不到这样的人，就去寻找好书籍或录音带。

# 医治"腐臭思想"的处方

头脑就像一座果园，大家都知道"种瓜得瓜，种豆得豆"。种一颗豆子，希望能收成许许多多豆子，头脑运作的方式也是如此。无论你在脑子里种下什么，收成时一定会增加许多倍。

从某些方面而言，头脑也像一座银行，任何人或任何事都可能在你的心灵银行存进积极或消极的思想。但一般而言，你是唯一能存钱到自己账户的人，而存款一定是正数。

只有你能决定让人从银行或心灵账户提款，从银行账户提款，会减少存款；但是经由正确的"出纳"，从心灵银行提款反而会增加它的力量。

我们的头脑里有两个出纳，两个都服从你的命令。其中一个处理乐观的存、提款，另一个处理悲观的存、提款。

你是自己心灵的主宰，当然可以控制"所有"心灵存、提款。存款代表你有的生活经验，提款决定你的成功与快乐。当然，没有存进去的东西，绝对不可能提出东西来。

你的每一笔交易，都会面临用哪一个出纳的选择。选择悲观的出纳，他会说你过去表现得太差，所以这一次也必定失败。选择乐观的出纳，他会热心地告诉你，所有问题都不会难倒你，凭你的聪明才智一定能轻轻松松解决问题。其实这两个出纳都没错，因为成败的关键完全在于你的想法。

你当然知道自己应该用乐观的出纳员，但是你做得到吗？我们都会自然而然地提取最近存入的东西，无论是积极、乐观，或是批判、悲观。

　　想想看，你存入脑子里的东西是诚实的还是不诚实的？是道德的还是不道德的？是保守的还是放任的？是出于善意的还是以自我为中心的？是浪费的还是节俭的？是大胆的还是谨慎的？是懒惰的还是勤奋的？是积极的还是消极的？

　　要强调的是，虽然你的脑子里已经堆积了许多消极的垃圾，但是也储存了许多干净、有力的思想。接下来我们要讨论如何用更积极的思想掩埋消极的思想，当你向乐观出纳提款时，他才能永远给你肯定的答复。

　　如果有人把一袋垃圾倒进你家的客厅，你绝不会放他走，不是揍他一顿，就是报警，或者命令他："混蛋，你给我把地板弄干净。"他当然做得到，过后你仍然会对这件事耿耿于怀，甚至几个月之后还念念不忘。

　　你对那些在你脑子里倒垃圾的人又如何处理呢？对于批评你的产品、你的社区、你的国家、你的家人、你的上司、你的学校的人，你有什么反应呢？也许你会置之一笑说："无所谓，在我头脑里倒垃圾根本伤害不了我。"如果你这么想，那就大错特错了。倒垃圾在你头脑里，远比倒垃圾在你家地板上的伤害大。

　　所有进入大脑的思想，对你都有某种程度的影响。例如，尽管医学界对感冒的原因及治疗方法已经做过彻底的研究，但是事实证明，情绪低潮时特别容易感冒。"垃圾思想"的确会带来麻烦，不是吗？

　　反之，积极的思想则会带来积极的效果。1969年，艾奥瓦州沙克市的查理·瑞特得了癌症，割掉了一个肾脏。三个月后，癌细胞已经侵袭到肺部，查理的体力很差，无法动手术，因此医生问他是否愿意试用一种新药，查理答应了。这种药原本只对六十岁以上的人有效，而且治愈率只有

10%，结果竟然对查理发生了作用。他又活了六年，最后死于心脏病。验尸时，他身上竟然毫无患过癌症的迹象。同时，该院的医生发现，因为服用这种药而使病情有了起色的癌症患者有两个共通点：强烈的求生意志，以及对药效的充分信心。

大脑所接受的任何资讯，都会影响我们的思想、心智。无论是学校的正规教育，或是由大众媒体中所得到的信息，都会影响我们的言行。

早上上班时，你看到老板在你桌上留了张字条："到办公室立刻来见我。"你赶紧走到他的办公室，但是秘书说他正在打长途电话，请你稍候。这时候，你心里开始七上八下："他找我到底有什么事？是不是昨天发现我早退？是不是知道我和乔在同事面前争得面红耳赤？还是……"结果，因为种消极的种子，往往就得到消极的果实。

特拉华州威灵顿市的泰瑞莎得了严重的肾脏病，医院安排她动手术割掉一个肾脏。医师给她服了安眠药之后，再做最后的测试，却发现其实不必动手术，于是就取消了手术。泰瑞莎醒来之后所说的第一句话就是："唉哟，我的背好痛！我好难过！痛死了！"医护人员告诉她，他们并没有为她动手术时，她羞愧得无地自容。显然她事先一定不断告诉自己，醒来以后一定很痛，所以清醒之后就像真的动过手术一样"觉得"很疼痛。

任何进入头脑的事物，都会成为你的一部分。有一句话说："如果你不能依照自己的理想生活，就只能把现有的生活当成理想。"的确，你的一举一动及每一个想法，迟早都会产生影响。

十九世纪四十年代，小儿麻痹症是一种可怕的疾病，每年都有许多人因此丧命。幸好沙克博士和他的同事研究出沙克疫苗，这种疾病的威力才大为减弱。不过还是会有父母疏忽，没有带孩子接种疫苗，而有一些偶发性的病例。每次遇到这种病例，许多人都会摇头叹息，为什么父母连这么简单、安全、有效的预防措施都做不到呢？

说实话，这种状况很令人费解，但是现在要谈另一种更可怕千百倍的疾病，它影响所有年龄、肤色、种族、性别的人。它比其他任何疾病结合起来所造成的身心问题更多。

这种可怕的疾病叫作"态度僵化"，起因是"腐臭思想"。幸好，即使你已经染上这种病，仍然有药可治。我们还发展出一种疫苗，可以帮助尚未患病的人免疫。

如果有人每天接触小儿麻痹症病原，却不肯接受免费、无痛、方便的疫苗来保护自己，你对他有什么看法？

你一定会觉得这个人很无聊，可能精神有问题。

再问你另一个问题，如果有一种疫苗既不痛又有趣，可以保护及促进身心健康，使个人免于"态度僵化"，增加工作效率及加薪，使其对人生及人际关系充满热忱；但是有人却拒绝接种，你对这种人又有什么看法？

你可能会笑着说："实在笨得不可理喻。"但愿如此，因为现在就要给你一个注射疫苗的机会，让你除掉腐臭的思想，避免态度僵化。这种疫苗无须分文，可以一用再用，而且使用次数越多，获益越大。它是一种个人保险，因为获益的是个人，但它同时用，而且使用次数越多，获益越大。它是一种个人保险，因为获益的是个人，但它同时也是一种"团体"保险，因为利益可以分享给他人，自己的利益同时又可以增加。

如果你担心"要付出什么代价"，可以保证所付出的时间、精力及金钱都绝对不会影响到你原有的生活，而且还能得到事半功倍的效果。"买"下这份保单，照样实行二十一天之后，你可以得到极大的回馈，所花费的精力也一定会使你的生活更有活力。

你是否愿意买这份保单，享受利益呢？如果愿意，请在下面的保单上签名。

## 终身保险

消除腐臭思想，避免态度僵化

我思想纯洁，胸怀大志，渴望生活过得长久、快乐，又有收获，因此同意接受本保单所提供的所有快乐及权益，并消除所有腐臭思想，避免世上最可怕的疾病——态度僵化。

我成熟、负责，深知必须接纳保单中所陈述的机会及责任，才能享受利益。

我知道喜欢批评别人、不信任别人的人都不受欢迎，缺乏安全感，只有信心才是快乐的基石。所以，我愿意签名保证全力遵循金克拉先生所提出的步骤，以便享受上述权益。

日期：

签名：

我保证只要你完全依照这个建议去做，不分年龄、性别、种族、肤色，都能享受本保单所提供的权益。

金克拉


要想对一件事热心，必须先收集相关资料，对它有所了解。一般而言，我们对没兴趣的事比较排斥，如何对生活中的事物产生兴趣呢？心理学家告诉我们，只要积极采取行动，就会对那件事产生兴趣。假设自己具有某种特点，就会逐渐拥有它。你要先抓住它——它才会抓住你。

这个处方不但可以使你立即拥有热忱及正确心态，而且二十四小时"随时待命"。你会变得精力充沛、事半功倍。热忱会成为你的生活方式，并且吸引许多美好事物及同伴，生活充满了乐趣，并且会获得成功。

不仅你个人会受益，你的亲朋好友甚至陌生人都可能受惠。

### （一）彻底改变起床的习惯

要想用热忱及正确的心态看待生活中的一切，就要首先彻底改变起床的习惯。早上闹钟一响，不要再唉声叹气："天哪！才刚刚睡下，又要起床了！"很多人早上醒来时，觉得只不过又是另外一个昨天——而他们不喜欢昨天的一切。在这种心态之下，难怪日复一日，没有一天好日子。

现在告诉你一种非常好的起床方式，它有立竿见影的效果，长此以往，自然会把热忱当作永久的生活方式。

每天早上闹钟一响就伸手关掉，立刻坐起来，拍拍手说："今天真是好日子，我要好好把握所有机会。"也许你会觉得自己很可笑，睡眼惺忪，满头乱发，像小孩似的欢呼："今天真是好日子！"但重要的是，你已经起床了，这是你设定闹钟的目的，而且你已经掌握了自己的态度。

起床之后洗个澡，如果家里没有幼儿在睡觉，不妨高唱一些快乐的歌。不论你是否有唱歌天赋，不论唱得是否准确都不重要，正如威廉·詹姆斯所说的："我们不是因为快乐才唱歌，是因为唱歌而感到快乐。"

做丈夫的如果照着下面的方法做，还会有额外的收获。

每天早上走进餐厅，看到桌上的早点，立刻对夫人说："亲爱的，你做的火腿、煎蛋都是我最想吃的早点。"即使你已经吃了同样的早餐两年，也照说不误。夫人听了一定很高兴，即使当天早餐并非那么可口，第二天也一定会加倍用心，所以这样做只赢不输。

这样做有什么好处呢？采取行动之前必定先经过思考，你会在前一天晚上计划好第二天的行动，因此养成积极计划的习惯，造成深远的影响，"播种行动，收获习惯，播种习惯，收获个性；播种个性，收获命运"。理由很简单，逻辑不会改变情绪，行动却会改变。正如得州达拉斯市某体育专科高中校长布鲁斯·诺曼所说的："你无法用'感觉'摸索出新的行动方式，但你可以用'行动'找出新感觉。"

这样的行动可以产生极大的效应——对生活充满热忱，使命运更美好。带着满腔热忱起床、吃早点，为美好的一天拉开序幕。许许多多美好的日子组合在一起，就成为美好的人生。热忱比麻疹更容易传染，所以你的朋友、家人都会受惠，只要你有热忱的态度，就会感染你的家人、朋友。

这些行为还有另外一项效益，能打倒登上生命高峰的最大障碍——凡事拖延。如果你有拖拖拉拉的毛病，那么前面这些简单的步骤就是克服它。目前最重要的，就是立即展开行动。你会发现，起床的方式对你一生的成就影响很大。

这种起床方式是好习惯，值得好好培养，持之以恒。持续做二十一天以上，就能看出明显的改变。

### （二）立定成功的陀螺仪

地球上每一种生物，都有与生俱来的本能，就像船上用来固定方位的陀螺仪。离群索居的松鼠，秋末冬初就会收藏干果。同样地，离开雁群的小雁，也知道要飞往南方过冬，这都是它们的天性。

人类也有一种陀螺仪，能够掌握自己的方向。在近海中玩帆船的人，各有各的方向，既然风向一致，为什么每条船的方向却不相同呢？答案很简单，因为船上有人在操纵方向。你的人生也是一样，要谨慎地决定方向，因为那关系着你一生的成败。

人生难免会遇到许多无法掌握的突发情况，这时候，即使你略微偏离航道，也不必回到原点，只要稍微调整方向，就可以继续向目标迈进。记住，尽力抵达你所能看见的目标，到了目标之后，就可以看得更远。

先问你一个问题：接到一个冗长的电话时，你会不会无聊地在纸上涂鸦？会不会觉得浪费时间非常可惜？建议你不妨利用这段时间，在白纸上一一列出你"会做"的事："我会……我会……"，然后在下面写出你的理想和目标："我要……我要，……我要……"这样一来，你的目标就会深深印在潜意识中了。

许多人完全遵循书中的步骤前进。但是必须提醒你，依照本书推介的步骤去做，可能会碰到一些很有趣的反应，也许有人会说你标新立异、与众不同。他们说得没错，你的确会变得和大多数人不一样，不再消极地等待成功，而是积极拓展生命的宝库，争取你想要的东西。对于喜欢卖弄口舌的人，不必在意。嘲笑你的只是少数生活不如意的人，绝大多数的人都会在你成功时为你欢呼。何况，达成目标的过程中所得到的收获，比目标本身更值得珍惜。

# 什么使你成功或失败

你昨天吃东西了吗？上星期吃东西了吗？上个月吃东西了吗？你一定觉得很奇怪，怎么会问这种问题，因为你昨天、上星期、上个月当然都吃了东西。有些人偶尔少吃一两顿，就受不了。如果再问他："你最后一次填饱心灵是什么时候？"你猜他的答案会是什么？你的答案又是什么呢？这个非常重要，因为肚子不吃东西会饿，心灵不加以充实也同样会饿。

从来没听肚子饿的人说："我快饿死了，怎么办？你有没有好办法？"这种情况大概永远也不可能发生，因为每个人都知道肚子饿吃东西就没事了。

有些人消极、沮丧，生活很不快乐，有趣的是，这些人迫切需要灵感、资讯，却始终拒绝参加演讲、座谈会或读好书、听好音乐。别人提到成功人士积极、乐观的态度时，这些失败者往往会说："他们当然乐观、积极，因为他们一年可以赚500万美元。要是我一年赚500万美元，一定也会积极上进。"他们总认为成功者是因为一年赚500万美元才乐观，事实刚好相反。成功者因为拥有正确心态，所以才能有500万美元的年收入。

无论你从事任何职业，都必须多找机会参加研讨会、看好书、听好的演讲，这样才能不断成长，出人头地。

成功的人为什么具有积极的态度？或者反过来问，为什么具有积极态度的人都会成功？他们的态度积极，是因为他们经常以积极有力、干净美好的想法充实心灵。他们知道只要填饱大脑，就不必再担心脖子以下的身体。他们不必担心衣食住行，也无须挂虑老年后的经济问题。看了下面的实例，你会明白这个道理。

我们学习新事物时，都必须经由意识层次。但是只有等到非常熟练、可以不经思考就做出来时，才能做好一件事，也就是来自潜意识。

还记得刚学开手动挡车的情形吗？踩离合器，加一点点油，小心地把变速杆推进一挡，慢慢放离合器，等速度够了再换二挡。只要一不小心，车子就会熄火。无论如何小心翼翼，似乎总是做不好这件事。

现在呢？你可以同时踩油门、换挡、放离合器、打开一片口香糖、摇下车窗和邻车的驾驶说话。你可以轻轻松松做这件事情，因为你已经把开车的步骤移进潜意识中了。所有的学习都应该是这样，由"意识"变成"无意识"或"自动"，几乎成了反射动作。

音乐家刚学习一种乐器时，也都经历过缓慢痛苦的有意识的学习过程。但是必须等到能不经思考或由潜意识演奏时，才能优美流畅。

刚开始学打字或打电脑键盘时，也必须辛苦地寻每一个键的位置，一分钟大概只能打十个字。用意识（思想）打字时，成绩总是非常差。后来，你不必再思考该敲哪个键，只是用潜意识不停地打，反而打得更快。

学习任何事物都一样，进入潜意识之后，自然就做得好了。我们的态度也一样，把它移进潜意层次之后，即使遇到消极的状况，也能积极地反应。虽然需要决心、努力和练习，但绝对是可以做到的。那时，无论遇到任何状况，我们都会本能地做出积极的反应。

有个叫约翰的人被洪水困在屋顶上，邻居刚好漂流到他屋前，对他说："这场洪水真可怕，对不对？"约翰回答："还好。"邻居诧异地反问："这还不算严重？你看你的鸭舍已经被水冲到下游了。"约翰不以为然地说："我知道，好在我的鸭子一只也没少，都在附近游来游去，没问题了！"那人说："可是，约翰，大水冲毁了你的农作物。"约翰仍旧不放在心上："不，我的作物在洪水来之前就毁了。上星期县政府的人还说我的土地缺水，这下可好了。"他又说："可是水还在涨，眼看就要涨到你的窗户了。"生性乐观的约翰笑得更开心了："太好了，我的窗子脏得一塌糊涂，正需要清洗。"

这虽然只是笑话，但也包含了不少真理，故事中的约翰对任何情况都持乐观的态度。如果你也希望时时保持乐观的态度，就要经常用积极、美好、有启发性的信息充实自己。

但是，只要一打开电视、翻开报纸，跟悲观的人交谈，或偶然听到别人谈话，都可能使你干净、乐观的心灵蒙上垃圾。这时候你应该怎么办？除了依照前一节所说的三个步骤调整自己的态度之外，还可以依照本节所说的方法，经常充实心灵。

哈佛大学心理学教授大卫·麦克李兰曾经做过精确的科学研究，证明只要我们改变自己和对环境的看法，就能改变动机。

学习必须认真，让它有如你身体的一部分那么自然。不但在意识层次了解它，也要在潜意识中感觉它，才能本能、自动地对生活中的消极事件做出积极反应。这就是"态度控制"。

山田铃木是一位杰出的日本科学家，他曾经做过一项被世人视为奇迹的实验。他挑选了一些只有几个星期大的婴儿，在他们的摇篮边播放优美的音乐，每首曲子重复播三十天，一直持续到孩子两岁左右。再让母亲上三个月音乐课，两岁的孩子则在一旁聆听。接着，他把小型小提琴放在孩子手上，让他们摸索乐器，学习拉弓动作。由刚开始的二三分钟，慢慢延长到一小时，等孩子长大些，就自然而然学会拉小提琴，而且乐在其中。

后来，铃木教授举办了一场音乐会，大约有1500名上述日本儿童参加。他们的平均年龄只有7岁，却能演奏肖邦、贝多芬、维瓦第等人的作品。他特别强调，这些孩子并非音乐神童，他只是依照孩子语言发展的步骤发挥他们的天赋，也就是接触、模仿、鼓励、重复及改进。幼儿学习语言的过程就是如此。

铃木教授相信，几乎任何事物都可以用同样的方法学会。

有位科学家与美国印第安两个部落相处一段时日之后，发现这些人当中，竟然连一个口吃的人都没有。他很好奇，不知道究竟是巧合，还是印第安人的特性。于是他进一步研究美国所有印第安部落，结果仍然找不到任何口吃的人。他仔细钻研印第安语言，才了解到为什么印第安人没有口吃。原来，我们看、听或想到一个字时，脑子里就会呈现相关的影像。例如，看到或听到"失败""骗子"或"笨蛋"时，脑子里就会出现"失败""骗子""笨蛋"等的影像。如果语汇中没有"口吃"这个词，脑子里无法想象出"口吃"的情景，结果当然不会有任何人口吃。

金克拉认为"改变"个人的词汇就可以改变人生，把"恨"这个字从你的词汇中删掉，不要去看它、想它。随时用"爱"来代替它，多写它、感觉、看它，甚至做梦也梦到它。把"消极"这个词去掉，用"积极"来代替它。依此类推，必定会获益无穷。我们在脑子里想到了什么，就会由行动中表现出来。改变你的精神食粮，删除所有消极观念，你的消极行为就会越来越少，直至完全消失。

# 你的精神食粮是什么

了解精神食粮的重要性之后，你可能会问："我已经忙得不可开交了，哪来时间补充精神食粮呢？就算要补充，要补充什么呢？"听过一个樵夫的故事吗？他明明努力工作，柴却越砍越少，原来他抽不出时间磨斧头，所以工作效率越来越低。

一般男士每年要花200美元修饰头部的"门面"（剪头发、刮胡子），女人的花费更是无法估计。那么，我们是否应该花同样的时间及金钱充实内在呢？

加州大学的一项调查显示，洛杉矶居民如果利用每天的开车时间听录音带，可以在三年内听完两年大学课程，不需要多花任何额外的时间。

经常听有益录音带的人必定最快乐、最能适应环境。如果再加上正确的读书计划，就能拥有足够的精神食粮。原则是，动的时候听录音带，坐的时候看有益的书。这样做能使生活积极，提供你广泛的知识及正确的人生观。

一般人不看书最常用的借口是没时间，其实那只是失败者的借口。只要抽出时间做该做的事（阅读优秀文学作品），其他要做的事很快就会减少了。

建议：不要向别人借书，也不要借书给别人。经常买，建立自己的书库，加上标志以便日后参阅。下面是几个放好书的地点：床头，厕所，电视机上，常坐的椅子旁，某个可以安静阅读的角落。

美国太空总署太空人亚伦·毕恩，是首先在月球上漫步的太空人之一。毕恩上校常在车上播放有启发性的录音带。

人们都知道，太空人的甄选几乎是人类有史以来最为严谨的测试。每位太空人一定要有健康、坚定不移的自我形象，要在最艰难的环境下与同行同甘共苦，要有良好的心态，包括钢铁般的意志、纪律、决心以及乐观的心态。

"全球家庭用品公司"是加拿大最大的家庭用品产销中心。它的总经理曾说，他手下十九名业绩最好的销售人员中，有十七人（包括排名在前的十一个人）每天听推销训练录音带，他们并非是顶尖高手才要听那些录音带，而是因为听了那些录音带，才成为顶尖高手。事实上，世界上各地的业务经理及主管都证明，他们业绩最好的员工都经常听好的录音带、看好书，几乎毫不例外。

所以一再鼓励你做这些努力，理由非常简单。只有不断充实、进修的人，才能登上人生的高峰。成功者都知道，我们的身体、心灵及精神都同样需要养分，才能不断成长。

许多人以为只有在沮丧、情绪低落的时候，才需要补充精神食粮，其实这是错误的观念。心情不好时，这种"需要"固然特别明显，也可能有实质上的效益，但是就长远利益而言，在情绪好的时候看励志书籍或听录音带，效果会更大。原因是心情不好时往往会饥不择食，也许会因为选择错误而弄巧成拙。沮丧时可能把焦点放在"问题"上，而疏忽了找寻"解决之道"。

情绪好的时候，想象力丰富，很容易接纳好意见，就对这些好的想法采取行动。此时，你的注意力放在"解决办法"，而不是"问题"本身。你的态度、热忱、团队精神及在老板心中的价值都大为提高，也就是你加薪升职的时候。

珊蒂·布莱纲是很有活力、很有上进心的人。她在许多大公司指导营业人员提升业绩、提高进取心。她指出，一个人往往会因为看了某一本书、听了某一录音带而得到启发，进入较高的层次。这时，如果再看或听一遍同样的内容，往往会有新的认识，又迈向更高的层次。因此，有心成功的人都应建立自己的"成功"藏书，以便随时参考，日益成长。

建议你养成一个好习惯：强迫自己和积极、乐观的人为友，强迫自己遵循"拍手起床"等习惯，强迫自己多听好的录音带，连续做二十一天以上，习惯就会牢牢跟定你了。

# 成功的黄金守则

选择了一种习惯，也就选择了一种习惯所造成的结果。好习惯不易培养，却易于相处。坏习惯很容易沾染，却不易相处。坏习惯总是在不知不觉中就养成了。

拿吸烟来说，心理学家莫瑞·班克斯认为那只是自卑情结的表现。还记得当初是如何开始抽第一支烟的吗？很可能只是要露一手给同事看，表示你是个"大"孩子，可以跟他们一样抽烟。虽然你的身体一直反抗："不要！不要！"你却强迫身体接下香烟。第一次喷出一个个烟圈时，多么神气啊！一边聊天，一边轻轻松松地吞云吐雾，是多么"成熟"啊！但是如果你能同样轻轻松松地把烟戒掉，不是更好？

据统计，美国人在二十二岁以后染上烟瘾的人，不到5%。可见懂得思考、成熟的人无论和有烟瘾的人相处多久，都不会染上抽烟。此外，自从证明抽烟与肺癌有关之后，已经有很多人戒烟成功。

再回头看你的抽烟史，虽然你的身体勇敢地反对抽烟，你仍然强迫它接受。你的身体只好自我调整道："好吧！我勉为其难，可是我并不喜欢抽烟。"你回答道："没关系，反正你非抽不可。"后来，身体又退让几步说："我也不知道自己从前为什么反对，其实抽也不错嘛！"就这样，身体一再妥协，终于真正开始享受抽烟的乐趣。从这时候起，你告诉朋友，你抽烟是因为乐在其中，人总要有点乐趣嘛！你还告诉他们，你随时都可以戒烟，因为你已经戒过十多次了，其实抽烟也并非你真正的"习惯"。最后，你的身体已经完全屈服，会主动要求你抽烟了。

习惯这个东西很奇妙。奇妙（或者说可悲）的是，坏习惯明明可以避免，却有人明知故犯，不但浪费金钱，还会引起各种问题。以抽烟为例。刚开始是不知不觉染上烟瘾，等烟瘾太大，已经戒不掉了。

原本谨守道德标准的人，有可能会受他人影响，渐渐变得没有道德。例如一个"好"孩子，偶然在社交场合中认识一群以试婚、吃禁药、酗酒等为乐的人，虽然他最初完全不赞同这些举止，但是如果他对这群人中的某一个有兴趣的话，由于多次接触，就会慢慢受到感染，开始接纳他们的价值观。

人脑具有很大的弹性。原先深感厌恶的不道德行为，经过几次接触，就变得能够"容忍"，再慢慢改变成可以"接纳"，进而"赞同""投入"。

吃东西没有节制也是一种习惯，许多人已经习以为常，根本不知道自己一天到底吃了多少食物。小时候，父母或许基于好意，认为爱孩子就要有求必应，他们也认为浪费食物是罪过，要孩子把碗里的东西吃干净。一天多吃几口，一年就多了十公斤。

如果你有体重过重的问题，绝对不是只因为昨天暴饮暴食，而是每次多吃一口，日积月累所造成的。解决这个问题，只有一口一口地少吃。

还有很多人因为贪图口腹之欲，偏好甜食，再加上不肯运动，一天所增加的体重就更多了。

如果我们认为自己不会"近朱者赤，近墨者黑"，那就是自欺欺人了。所罗门王，娶了膜拜偶像的非利士女子为妻之后，不久也开始膜拜偶像。大力士参孙力大无敌，却因为受不了大利拉不断以性要挟，终于说出他神力由来的秘密，而变成瞎眼的奴隶。

南方的孩子搬到北方，不到几个月，就会变成北方口音。同样地，北方的孩子搬到南方，也很快就学会南方口音。无论什么人，都必然会受到周围环境的影响。

我们不仅会受到交往的人影响，沾染上他们的习性，也会因为习以为常，对身边的环境变得麻木。例如一直住在肥料厂附近的人，就不会感觉到异味的存在。

从这些例子可以看出，只要长期处在消极、罪恶或有毁灭性的环境中，就会从反对变成容忍，从容忍变成接纳，再从接纳变成参与，甚至乐在其中了。

习惯像一张网，每天织一条线，后来就变得牢不可破，无论好习惯或坏习惯都一样。

我们常常责备年轻人没有道德、不负责任，是人类有史以来"最糟糕"的一代。这些话或许有几分道理，不幸的是，我们只看到"问题"，却忽略了背后的"原因"。

年轻人的观念多半来自电视、电影、收音机、报刊，以及其他人的行为。显然，大部分电视公司、报社、电影院、药品进口公司、酒吧……的老板都并非青少年。受害者是年轻人，在他们身上发横财的却是成年人。

喜欢说脏话也是一种坏习惯。常听有人出口成"脏"，旁人还替他解释："他就是这样子，其实心里并没有那个意思。"问题是谁知道他什么时候有这个意思，什么时候没有这个意思呢？总不能他每说完一句话就插嘴问清楚，那未免太不礼貌了吧！

没有人会因为用粗话骂人而造成好的改变，只听说有许多人因为习惯说粗话而失去朋友、商场上的机会或情人。说脏话这种坏习惯，也是在不知不觉间悄悄染上的。

习惯说谎、迟到、听不到闹钟声继续蒙头大睡的人，都是因为对坏习惯一点一点的让步，最后，坏习惯就成了固定的生活方式。

酗酒的人都是从小酌开始，过了一段时间，身体能容忍更多酒精，需求也更增加，日积月累，终于造成可怕的后果。偶尔看到父母给刚学走路的孩子喝一口啤酒，真担心以后世界上是否又多了一个酒鬼。做父母的酗酒已经够多了，还要把子女也引入歧途，真是可悲。

所有坏习惯都是在不知不觉间慢慢染上的，等到你察觉的时候，往往已经造成很大的伤害。不过值得安慰的是，既然坏习惯是学习错误的榜样而造成的，只要改变周围的环境，就可以改变坏习惯。

# 培养良好的习惯

坏习惯绝对不能养成，我们先看看避免恶习要注意些什么。

第一，教导年轻人保持健全身心、正确道德观的好处，不让坏习惯有养成的机会。

第二，许多父母会极力反对动手打孩子，但是多数心理学家都同意，当孩子了解应该对自己的行为负责时，行为就会比较谨慎。

心理学家詹姆斯·道伯森也认为，如果不以爱心管教孩子，任他放纵，对孩子有百害无利。管教孩子的目的是让他明白，他是可教的孩子，父母管教他是因为爱他，希望他有更美好的未来。

第三，以身作则。孩子最容易看到的是父母的一举一动。的确，父母如果真心希望孩子不要抽烟、喝酒、吸毒，就应该以身作则。不像有的父母，自己动不动就吃镇静剂、阿司匹林、每天抽一两包烟，有朝一日发现孩子吸烟时，却又很惊讶，不知道孩子从什么地方学来的坏习惯。

第四，反抗不实的广告。烟、酒商向来肯花大成本做出最有创意的广告，烟商以运动明星、购烟赠奖等方式来吸引年轻人。酒商则以高雅的品位及上流社会生活为卖点，强调喝酒的你也是其中的一分子。

因为这些烟、酒广告，美国青少年饮用烟、酒的比例已大幅提高。我们应该用戏剧性的方式来抗争这些不实的广告。例如在广告中出现老妇叼着烟，每过一会儿就把烟拿开咳个几声。还可以用科学数据告诉女孩子，抽烟的人容易皮肤干燥、未老先衰。

第五，带孩子实际去看抽烟、酗酒及吸毒的下场，最好看望因为抽烟而感染肺癌的人，让孩子和他谈一谈，听听他困难的呼吸。这的确是令人感伤的事，但是别忘了提醒孩子，这些都只是从"一根烟"开始的。要让孩子看到香烟广告略过不提的一面，让他知道坏习惯要付出极大的代价。

也可以当着孩子的面问那些抽烟的人，如果早知今日，他们当年会尝试抽烟吗？相信大多数人都会强调不会。

决定抽烟、喝酒、暴饮暴食，往往是基于感情因素，而不是理智。青少年多半希望借着这些行为或习惯得到接纳。这时，亲子之间最需要的就是爱与坦诚的沟通。孩子能够接纳、肯定自我，就不会再急于得到他人的接纳及认可了。同时，有了明确的目标，就知道坏习惯是可以克服的。

最重要的是要自己立下破除坏习惯的决心，不让任何人或任何事影响你。如果是在别人的劝说之下勉强实行，多半会徒劳无功。因此，首先要下定决心，掌握自己的生活，做自己的主人，不要让坏习惯掌握住你。

要去除坏习惯非常困难，但结果会让你的人生充满趣味，得到许多补偿。戒烟成功的人，会重新体会到食物的美味，以及空气、衣服、家具的清新气味。减肥成功的人去掉多余的肥肉后，身心都感到轻松多了。戒除坏习惯之后，能够重新拾回失去的自尊，生活也过得满意多了。

1977年6月1日，英国皇家医学院公布了一份与英国所有医学院合作的调查报告，显示抽一根烟会减少五分半钟的寿命，三个抽烟者中，有一个会因为抽烟所造成的疾病而死亡。他们还发现，戒烟之后对身心都有立竿见影的效果。戒烟之后十到十五年，就可以完全消除早死的阴影。如果你有心戒烟，应该听听戒烟成功者的经验，必定会得到许多启示。

如果你有体重过重的问题，不妨参加各种减肥班（许多大医院都有附设），团体的力量可以给你很大的帮助。听听减肥成功者的经验谈，看看他们如何经过一番挣扎，除掉那多余的二十公斤赘肉，如何享受在服饰店自由自在购买衣服、弯腰系鞋带不必气喘吁吁、轻轻松松爬楼梯等的乐趣。听听他们减少食量的经验，也可以帮助你改掉饮食过量的习惯。

戒烟成功的人也会谈到戒酒之后交到的新朋友，以及如何重新得到老友的情谊。他们谈到家人如何重回他的怀抱、事业如何重新出发、如何重新得到自尊、恢复社交生活……时，你会经常热泪盈眶。

许多人戒除坏习惯的方法，和当初染上坏习惯的方法完全一样——多接近有积极人生目标及乐观态度的人。有许多人千方百计想要改掉坏习惯，始终没有成功，最后却在戒酒中心、戒赌或减肥成功的过来人当中，听到种种成功的经验之谈，得到真诚的关切，身边的环境充满积极、热忱、鼓励，成效当然相当可观。朋友对个人的习惯有着极大的影响力。

　　通常，如果当初染上坏习惯的借口已经不存在，也可以点醒当事人。例如，当初为了缺少安全感或得到同事接纳，才开始抽烟、骂脏话、赌博……但是同事压力已经不复存在。体会到这一点之后，加上已经建立起健康的自我形象，当事人就不再需要依赖这些坏习惯了。

　　戒除坏习惯的另外一个办法是"替代"。

　　真正说起来，并没有所谓"戒除"坏习惯，只是用好习惯"替代"坏习惯。戒酒者用乐观、忠心的朋友和积极、鼓励的环境，取代原先消极的朋友和沉闷的环境。在心理上来说，改掉坏习惯之后，需要有新的活动及习惯来填补空虚。酗酒者看到戒酒成功者在生活上种种令人振奋的改变，自然会立下新目标，也可以"预见"自己达成目标之后的新生活。

　　坏习惯主要是源于内心的需求，所以要多看书、多听演讲，用健康、向上、有鼓励作用的观念填满心灵。一旦心里充满积极思想，渴望拥有长久的成功及快乐，就没有多余的空间容纳坏习惯。换句话说，不要就某项（些）坏习惯钻牛角，要多培养成熟的智慧，让心中充满积极思想。

　　当然，停止坏习惯最好的办法就是根本不要开始。只要不抽第一口烟，不喝第一口酒，不说第一个谎言，就永远不必为后来所养成的坏习惯苦恼。

　　如果你已经染上坏习惯，一定很想知道如何戒除。在个人无法达成目标的情况下，就要求助于外力。这时候，信念往往能发挥很大的力量。戒除中心也是不错的选择。但是如果你选择第二种方式，就必须谨慎选择，以免事倍功半。

前面谈到过早晨起床。这是很好的习惯，刚开始并不容易实行，必须勉强自己去做。几天之后，会变得越来越容易，甚至趣味十足。持之以恒地做二十一天，好习惯就养成了。你会生活在完全不同的世界里，变得快乐、积极、充满热忱。仔细观察别人的好习惯，设法培养，生活就会增加许多趣味。

跑步的习惯和所有好习惯一样不易培养，但是一旦养成，就会感到乐在其中。

储蓄也是好习惯。刚开始，你必须强迫自己付账单之前先付一些钱给自己。不论你有多少收入，都必须先为自己和将来存一些钱。户头里的钱日益增多，你也会感到越来越快乐。不久，这个好习惯就会深植在你体内，成为你的一部分了。

不错，储蓄的确是一种好习惯，不过开始时你必须紧紧抓牢它，不要找任何借口"暂时停止"存钱。

存钱的习惯可以代表一个人的个性。如果你目前的收入存不了钱，将来的收入也一样存不了钱。

微笑也是一种习惯，有人不喜欢虚伪的笑容，但是虚伪的笑容毕竟胜于真实的怒容，不是吗？只要多展现笑容，养成习惯，自然就不再虚伪了。记住，我们不是因为快乐而笑，是因为笑而感到快乐。

此外，你怎么对待别人，别人就怎么对待你，所以你必须对别人微笑，别人才会对你微笑。如果你对别人咆哮，别人就会对你报以咆哮。

养成一个好习惯，就会得到另一种附加的好习惯。例如存钱可以增加你的安全感，使你的自信增加，你就会对人更和气、更友善。

习惯对人的影响实在太大了，它可以造就我们，也可以毁灭我们。如果你希望自己快乐、健康、有礼貌、成功，开始选择习惯的时候就要多用心。养成某种习惯之后，就由习惯来塑造我们。有句话说得好：个性是由日积月累的各种习惯组合成的。每一种习惯起初都来自微不足道的小事，但是滴水穿石的力量却非同小可。

有人认为快乐与成功不是目的，而是整个人生的过程。

生命中充满了各种令人兴奋的事，每迈出一步，就会感受到接近目标的喜悦，从而加快脚步。现在我们已经离成功又近了一步，很高兴你还在继续努力，加油吧！

# 第七章　为自己而工作

　　工作是一切事业的基石，是成功的源头，是天才的根本，是生活的调味剂。只有爱工作，才能得到最大的幸福和成功，因为天下没有免费的午餐，更没有天生的推销员、律师、医生……

# 不可能有天生的赢家

　　从前，有一位聪明的国王召集全国的智者说："我要你们收集人类所有智慧，著书留给后代。"智者离开皇宫之后，经过很长一段时间的努力，终于带回十二册巨著，骄傲地把这套"人类智慧全集"呈献给国王。国王看了之后却说："各位，我相信这是人类智慧的精华，但是内容实在太长了，恐怕没有人想看，还是浓缩一下吧。"智者又回去花了很长的时间，浓缩成一本书。国王仍然觉得太冗长，命令他们再次浓缩。智者挖空心思，呕心沥血，把一本书浓缩成一章，一章又变成一页，一页变成一段话，最后只剩下一句话。这一次，国王终于满意地说：诸位，这的确是人类智慧的结晶，如果每个人都能体会这个道理，世界上大部分的问题都能解决了。这句话就是："天下没有免费的午餐。"

　　有一位智者说："成功的家庭必须有辛勤工作的父亲和负责家务的母亲。"如果你能赞同父母的这种观念，必能和家人和睦相处。

　　工作是一切事业的基石，是成功的源头，是天才的根本。

　　工作能使年轻人比父母更有成就。

　　把工作所得储蓄起来，就是所有财富的基础。

工作是生活的调味剂，爱工作，它才能带给你最大的幸福与成功。

爱你的工作，生活就会美好、有目标、有收获。

我们研讨工作的重要性时，希望你保持开放的心。你或许知道，有些人的心就像水泥一样，搅拌好之后，就一成不变。其实人的心像降落伞一样，只有张开的时候才能发挥最大的效力。

有些人诚恳地接受能使生活变得更美好的道理，也知道正确的心态、健康的自我形象、积极的人生哲学能带来美好、快乐的人生。可惜他们经常左耳进、右耳出。再强调一次，如果不去实行，任何实际、美好的理论都只是空话。

许多人找到工作之后就不再认真做事。就像问某些人为公司工作多久，回答常是典型的"从公司威胁要开除我开始"。有人问一位雇主有多少员工，他回答："公司人数的一半。"可见有许许多多人每天上下班，却把工作当成瘟疫一样看待。

多年前，金克拉到澳大利亚演讲时，遇到一个叫约翰乃文的年轻人，他对工作的心态就非常正确。他热爱生命、家庭和工作。他原来兼职推销《世界百科全书》，因工作极为认真，从兼职改为全职。后来，升为地区负责人。

法国名画家雷诺瓦老年时患关节炎，手部扭曲变形。他的画家朋友马蒂斯看到他只能忍痛用手指夹笔作画，心里非常难过。

有一天，马蒂斯问他为什么要强忍痛楚作画，雷诺瓦回答："痛苦会过去，美却是永恒的。"

常听人说："要是有人给我一笔钱，让我付清所有欠款，银行里还能再余一些钱，这辈子我就可以重新起步好好走下去了。"很多人都有这种观念，永远在等待别人带领他们迈出第一步。我们要坚信："给人一条鱼，只能让他饱餐一顿；教他钓鱼的方法，却可以使他终生受用。"给人一笔钱，并不是助人的正确方法，因为他不是拿这笔意外之财去"还债"，就是去买渴望已久的东西，反倒助长了花钱的坏习惯。一旦养成习惯，就难以改变了。

金克拉到各地巡回演讲时经常询问听众，他们最希望未来的生活中拥有什么，许多人都提到"安全感"。

自己建立的安全感与退休计划和别人给你的安排之间，有很大的差异。真正的安全是内在的，一定要自己争取，别人是无法给你的。

字典上对安全的解释是免于危险，免于疑虑或恐惧，不必担心。麦克阿瑟将军讲得好："安全感就是生产能力。"能够满足自我需求，因此得到自尊、自信的人，远比靠别人解决问题的人具有安全感。工作不仅供给我们生活所需，更赋予我们生命。只有自给自足并且能贡献他人的人，才会真正感到快乐。

许多老板都同意，现职人员远比失业的人容易找到好工作。失业越久，越不容易找到工作。找到工作是事业的第一步，最不容易迈出。但是只要有了第一份工作，往上爬就容易多了。

许多人找工作时最大的问题，就是对工作要求太多，一心想找"十全十美"的工作或雇主，却没有想到自己未必是十全十美的员工，只知注重薪资、休假、退休等福利。对于想跳槽的人，这些条件当然有商榷的余地；但是对失业或没有工作经验的人，这些要求未免太高了。别忘了，一般人都是由下往上工作，只有盗墓者才从上往下工作——而他们最后总是置身在洞穴中。

高楼万丈平地起，任何事都必须迈出第一步。一旦开始，继续往下做就不难了。遇到困难或不喜欢的事，更应该立即动手。等得越久，就觉得越可怕。就像第一次站在游泳池的跳板上一样，越是犹豫不决，跳水的成功率就越小。

# 千万别被小聪明所误

假如你在目前的工作岗位上，每天按时上下班、工作努力、对老板忠诚，接受当初谈妥的薪水，那么你和老板互不亏欠。你做了分内的工作，但还不到让老板加薪的程度。优秀的老板总是很乐意加薪，但是他经营的不是慈善事业，总得把钱花在刀刃上，你有值得加薪的表现，他才会加薪。换句话说，你必须特别努力、特别忠心、特别热忱、额外加班、多承担责任，才有可能加薪或升职。

只要你表现出色，给你加薪的人应该是你目前的老板，否则也会有别人给你加薪。俗话说："一分耕耘，一分收获。"小时候，金克拉在一家杂货店帮忙，经常到处跑腿。他们店的对面也是一家杂货店，店里的伙计名叫查理，他整天忙个不停。有一天，他问他的老板安德森先生，为什么查理总是那么忙。安德森先生说查理希望老板加薪，他一定能如愿以偿。因为即使对面的老板不加薪，安德森先生也会给他加薪。

的确，只有额外的努力才会带来额外的收获。没听说有人只做分内的工作就会成大功、立大业。一般人都愿意在上班时间做分内的工作，但是分外的工作，大多数人就没有兴趣。

工作给予我们的不只是生计所需，也是一种特权，同时也为以后的生活铺路，就像下面这个小故事一样。

一位农夫有好几个儿子，他要他们辛勤地在田里工作。有一天，邻居对农夫说，孩子们不必工作得这么辛劳，也一样会有好收成。农夫坚定地回答："我不只是在培育农作物，也是在培育儿子。"

接着讲一个关于洛杉矶老人的故事。

很多年以前，有一群家猪从某个村子逃进遥远的山里。过了几代之后，这些猪越变越野，甚至对往来的人构成了威胁。村里的猎人多次上山找寻，都无法猎杀它们。

有一天，从外地来了一个老人，用小驴子拖着一辆车，车上装满了木板和谷子，准备上山抓野猪。村人都嘲笑他，不相信他能赤手空拳做到猎人办不到的事。但是几个月后，老人回到村里告诉村人，野猪已经被困在山顶的猪圈里了。

老人解释抓野猪的经过："我先找到野猪平常觅食的地点，在空地中间放些谷子引诱它们。野猪起初很害怕，可是忍不住好奇心，它们领头的带头在谷子旁边闻来闻去，终于尝了第一口，其他野猪也跟着吃了起来。我当时就知道它们一定会成为我的猎物。第二天，我又在空地上多放一点谷子，并且在几尺外立了一块板子。它们起初对板子很害怕，可是又抵不住白吃午餐的诱惑，所以不久又回来吃谷子。就这样日复一日，我终于把捕捉野猪的环境布置好了。每次我多加一块木板，它们都会退缩一阵子，但是后来又会忍不住回来白吃一顿。猪圈完全盖好时，它们早就习惯不劳而获到这里吃谷子，所以我轻轻松松就逮到所有的野猪了。"

这是个真实故事，道理简单。让动物依赖人获得食物，就夺走了它谋生的能力。人类也是一样，想要使一个人跛足，只要给他一根拐杖——或者长期给他"免费的午餐"，让他习惯不劳而获，他就只能听命于你了。

你刚刚跳槽到一个薪水很高的单位，但不久就发现，老板是个脾气暴躁、为人粗鲁的人，下属稍有过失便大发雷霆，出言不逊，有时言语还严重刺伤人的自尊心。有一天，这种祸事终于降临到你头上了。这时候，你该怎么办？

很多人梦想找到一份十全十美的工作，老板又好，薪水又高，但这样的美梦并不是每个人都能实现的。不少人肯付出很多代价只为换取一个薪水很高的工作或职位。

如果老板真是个脾气暴躁、为人粗鲁的人，这也给了你一个表现自己宽容、大度的好机会。另外，就算他不分青红皂白就出言不逊是大错特错，但是，要是你把这当成鞭策自己上进的动力，对待工作一丝不苟、精益求精，从不出现任何闪失，难道他还能鸡蛋里面挑骨头不成？再说，忍受他大发雷霆的人又不止你一个，其他同事如何面对呢？这样在潜意识中可以为自己找些心理平衡。

每个人的性格是不一样的，遇到一个脾气暴躁的老板也不奇怪。如果有一天因为你的小过失遭到他出言不逊、大伤自尊心的指责，解决问题的方法应该是，等老板把话说完后，承认自己的过失，然后告诉他你想出来的补救措施。这样，老板一定会消了心头之火，如果老板是个讲理的人，听了你的一番话一定会感到内疚。

想一想老板为什么这样做，理解老板的意图，然后调整自己的行为。墨菲认为这是比较有益的方法，既可以做好自己的工作，又可以搞好与老板的关系。

其实，老板的意图并不难理解，关键在于能否做到"设身处地"和"将心比心"，只要真心去理解，就能够做到谅解，但是若不想去理解，那永远也无法得到真正的相互谅解。例如，你是否理解老板的处境，他之所以脾气暴躁又出言不逊，也许是出于无奈或是迫不得已，或是工作压力过大，或是与他的地位和出身有关。

你既是他的下属就应该对他敬让三分。

只有你所选择的事业与你的能力、体格和智力相和谐，同时还须适合自己的个性，使自己能胜任并愉快地从事这一职业，你才会永不抱怨。

为什么有很多人会怨叹工作的不幸和人生的无聊呢？一个重要的原因就是他们正从事着与自己的兴趣个性相冲突的职业。

如果你所选择的职业不适合你，那就不可能有实现成功愿望的奇迹出现。当今社会，大多数人都没有考虑到这一点，他们喜欢做在他人看来很体面的工作，而工作本身的特点却不在考虑范围之内。

世上不知有多少人因为只考虑工作的体面而断送了一生的幸福，他们以为体面的工作肯定是成功的捷径，而不管自己的性格、才能是否与之相称，原因在于他们完全不懂得成功的真正意义。

如果你认为自己在事业上缺乏足够的才能，那么还是抛弃这种事业为好。否则，你一生的结局一定是后悔和失望。

选择终身的职业是一件颇费周折的事情，在决策之前，必须先剖析自己的才能与志趣，要深思熟虑地加以考察，职业的重要方面与自己的志趣相合，而且的确能够胜任，这才算得上是选择了最适合自己的职业。

一个人一旦选择了真正感兴趣的职业，工作起来也会特别卖力，总能精力充沛，意气焕发，能愉快地胜任，而决不会无精打采、垂头丧气。同时，一份合适的职业还会在各方面发挥自己的才能，并使自己迅速地进步。

你一旦有了想从事某种职业的愿望，就要立即打起精神，不断地勉励自己，训练自己、控制自己，只要有坚定的意志、永不回头的决心，不断地向前迈进，做任何事情都有成功的希望。

在选择职业时，你固然要对某些问题深思熟虑，譬如自己是否能胜任？是否真的有兴趣？但当你做出了这些实现愿望的决定后，就不能再三心二意了。你必须集中所有的勇气和精力全力以赴，你要不断鼓励自己，要有与一切艰难险阻做斗争的勇气，要不怕吃苦、不怕碰壁，更要远离对失败的恐惧。

任何职业只要与你的志趣相投，你就绝不会陷于失败的境地。但是，在工作的过程中，有人常常容易受到外界的诱惑，受制于自己的欲望，便把全部精力放在不好的事上去了。

想获得成功，你就必须为自己设计一个一生的职业计划，然后集中心思、全力以赴地去执行这一计划。凡是能成就大事的人遇到重要的事情时，一定会仔细地考虑："我应该把精力集中在哪一方面呢？怎么样才能使我的品格、精力与体力不受到损害，能获得最大的效益呢？"

首先，你应该选择一个最适合自己发展的环境，在这一环境中，竭尽全力去把事情做得尽善尽美，以此来实现你期望的目的。你所选择的工作一定要适合你的性格、才智和体力。总之，一开始做事的时候一定要先迈开步伐，然后才能大踏步前进，在一个适合自己的环境里，我们做起事来才能感到顺畅愉悦。

你在就职时抱着什么样的想法选择职业和公司？可能很多人都会这样想"希望选择好的职业""想在安定的公司内上班""加班少，薪水高的公司比较好。"

虽然这些想法是无可厚非的，但是，如果太拘泥这些想法就会影响到你事业的发展。

大学毕业的时候想"那种职业是现在的时髦产业，将来一定有发展空间"，所以进入该公司就职。但是如此选择的公司，进入五年之后就可以看见未来，届时则很可能会产生"什么嘛，比起当初所想的差多了"而感到失望。

现在的大公司也有可能会突然遭遇破产的厄运，今后会发生什么事都是不足为怪的。即使现在公司业务发展顺利，但数年后会是什么情形是谁都无法预知的。

为公司的规模所迷惑，不小心选择了不适合自己行业的人也不少，从长远眼光来看，这些人以后一定会后悔。

怎么说呢？理由很清楚，因为不喜欢这份工作。既然无法喜欢，也就提不起干劲。所谓提不起干劲就是不论经过多长时间，都无法取得成绩，也无法发挥能力，这样一来，即使反复想着"事业成功"的念头，也是无法有长进的。

因此在选择职业时，绝对不能为公司规模所惑。最重要的一点就是从事自己喜欢的工作，如果是自己喜欢的工作，热情和信念就会泉涌而出，即使努力也不觉得辛苦，而且能够更加积极。

那么如何选择适合自己的工作呢，这就要看自己有什么样的天赋了。

为了发现自己的天赋，可以去察觉自己特有的能力，专心致力于自己觉得兴奋不已的事情。

准备好笔和纸，把自己的特性列出来，使自己的特性更为明确化。

第一，把自己的性格中的长处写出来："喜欢和人会面""不拘小节""仔细而认真"等，找出能发挥自己能力的职业。

第二，写出自己擅长的事情。这可追溯到孩提时代，"擅长于音乐""擅长写作""数学成绩出类拔萃"等，这将会成为发现自己天赋的提示。

第三，写出到目前为止自己人生中享受过的事情，这也可以追溯到孩提时代。想起"中学的时候把收音机拆开重新组合，感觉非常快乐"，而从推销员成功转行为技术人员。

第四，写出热衷的事情。假设有人有这样的回忆："高中时代参加文艺社，热衷写作，那时总觉得时间一转眼就过去了。"现在开始也不迟，应该从事写作工作，或和大众媒体有关的工作。如果能够热衷就不会觉得辛苦，也不会觉得厌烦这样的事。

以上几项建议，究竟自己适合什么职业呢？请好好地想想。到底什么样的工作关系到自身价值的创造和自我实现呢？比起笼统模糊的思考，现在应该更明确了吧。

切记，在决定你一生的事业时，唯一的定律是："你所从事的事业，必须是所有可能的事业中你最能胜任的。"

如果想要以自己的工作为途径实现愿望，首先应该为工作找一个心情快活的理由。

如果年轻的厨师想早日使自己的手艺精湛，只是想着"我要做美味的料理"，就以为能实现心愿，那是天方夜谭！不只是"要做美味的料理"，而是要抱着"做美味的料理是上天赐予我的最完美的工作"的念头，料理的手艺就能进步了。为什么呢？因为如果这样想的话，做菜这件事就会变成一件愉快的事情。

如前面所说，殷切期盼的事情必会实现，人生确实是应该依照愿望中的规划去发展。但走错一步，最先产生的就是焦虑，而焦虑过度就会陷入"总是止步""事情总是不按自己的意思发展"的负面情绪。这样一来，负面的念头就可能进入到潜意识中。

相反，如果能想着"工作是最完美的使命"或"完成这个工作是自己的使命"的话，就不会产生工作是公司委派的任务或因为上司的命令才行动的情绪。

希望大家把自己做的工作当成是一件极其快乐的事情，而不只是听天由命。

例如想做某一件事情的时候，我们容易以自己的尺度去思考事情而行动，然而过分考虑自己，就会形成以自我为中心的情况，这样对实现成功的愿望不会有什么好处，所以应该要以"对他人有益，对社会有益"的意识来思考问题，这样不但会产生积极的心态，同时也会给你工作上的快乐。

如果"对社会有贡献、为他人服务"这样的意识形成行动的精神力量，成为思考核心的话，那就不会只意识到自我，而是能进入忘我的境界，形成符合潜意识的生存方法，如此一来，就会有——"即使遭遇到麻烦或困难，潜意识也一定会将你引向好的方向"的心境，更进一步关系到积极的想法——正面思考的坚定信念。

看一个人能否实现自己成功的心愿，只要看他工作时的精神和态度就可以了。如果某人做事的时候，感到受了束缚，感到所做的工作劳碌辛苦，没有任何趣味可言，那么他绝不会有大的成就。

一个人对工作所持的态度，和他本人的性情、做事的才能有着密切的关系。

一个人所做的工作，就是他人生的部分表现。而一生的职业，就是他志向的表示、理想的所在。所以，了解一个人的工作，在某种程度上就是了解其本人。

如果一个人轻视自己的工作，而且做得很马虎，那么他决不会尊重自己。如果一个人认为他的工作辛苦、烦闷，那么他的工作决不会做好，这一工作也无法发挥他的特长。在社会上，有许多人不尊重自己的工作，不把自己的工作看成创造事业的要素、发展人格的工具，而视为衣食住行的供给者，认为工作是生活的代价、是不可避免的劳碌，这是多么错误的观念啊！

　　人往往就是在克服困难的过程中，产生了勇气、坚毅和高尚的品格。常常抱怨工作的人，终其一生，绝不会有真正的成功。抱怨和推诿，其实是懦弱的自白。

　　在任何情形之下，都不允许你对自己的工作产生厌恶，厌恶自己的工作，这是最坏的事情。如果你为环境所迫，而做一些乏味的工作，你也应当设法从这乏味的工作中找出乐趣来。要懂得，凡是应当做而又必须做的事情，总要找出事情的乐趣，这是我们对于工作应抱的态度。有了这种态度，无论做什么工作，都能有很好的成效。

　　一个人鄙视、厌恶自己的工作，他必遭失败。引导成功者的磁石，不是对工作的鄙视与厌恶，而是真挚、乐观的精神和百折不挠的热情。

　　无论你的工作是怎样的卑微，你都应当有艺术家的精神，应当有十二分的热忱。这样，你就可以从平庸卑微中解脱出来，不再有劳碌辛苦的感觉，你就能使自己的工作成为乐趣，而厌恶的感觉也自然会消失。

　　一个人工作时，如果能以顽强不息的精神、火焰般的热忱，充分发挥自己的特长，那么不论所做的工作怎样，都不会觉得工作辛苦。如果我们能以充分的热忱去做最平凡的工作，也能做出最精巧的工作；如果以冷淡的态度去做最高尚的工作，也不过是个平庸的工匠。所以，在各行各业都有发展才能的机会。

　　在我们的社会中，没有哪一个工作是可以藐视的。

　　一个人的终身职业，就是他亲手制成的雕像，是美丽还是丑恶，是可爱还是可憎，都是由他一手造成的。而一个人的一举一动，无论是写一封信，出售一件货物，或是一句话、一个思想，都在说明雕像或美或丑，或可爱或可憎。

无论做什么事，务必竭尽全力，这种精神决定一个人日后事业上的成功与失败。如果一个人领悟了通过全力工作来免除工作中的辛劳的秘诀，那么他也就掌握了达到成功的方法。倘若能处处以主动、努力的精神来工作，那么即使在最平庸的职业中，也能增加他的权威和财富。

不要使生活太呆板，做事也不要太机械，要把生活艺术化，这样，在工作上自然会感到有兴趣，自然也会尽力去工作而达成自己的愿望。任何人要实现自己的愿望都应该有这样的志向：做一件事，无论遇到什么困难，总要做到尽善尽美。在工作中，要表现自己的特长，发展自己的潜能，不能因工作的卑微而自我轻视。如果你厌恶自己的工作，必遭失败。

# 一定记住成功的誓言

辛克尔是历史上担任体育新闻播报员最久的人。几十年来，许多人口中的"体育新闻大好人"指的就是他。他总是能发掘别人的长处，而且完全是发自内心，毫不做作。有人认为他批评得不够尖锐，给予运动员过多的赞美，辛克尔的回答是："这就是我做人的原则。"

克里斯·辛克尔想要当体育新闻播音员的梦想，早在二十世纪三十年代就开始萌发了。他仔细听收音机里的棒球赛，研究播音的风格。父亲买了一台早期的录音机给他，他就把比赛录下来，仔细模仿播音员的风格。进了波都大学之后，克里斯每逢暑假都在印第安纳州蒙夕市一家电台打工。1952年，他开始担任美国国家广播电台的代理播报员，后来又在电视上替纽约巨人足球队担任后备播音员。他的目标永远是施展全力，展现自己最好的一面。

今日的克里斯·辛克尔是美国数一数二的体育新闻主播。他之所以有这样的地位，是因为了解自己、能发掘别人的长处、努力不懈。希望每个人都能像他一样："用行动表现自己。"

当你学会了如何正确地看待每一个人时，你在社交活动中能够学到的东西会多得让你感到惊讶。

当然，实际上只有在你自己付出了许多的同时你才会获得许多。你越是展示自己的才华，心地越是无私，越是慷慨大方，越是毫无保留地与别人交往，你获得的回报也就会越多。要得到多少，你就必须先付出多少。任何东西只有先从你这儿流出去，才会有其他东西流进来。

总之，你从别人那儿获得的任何东西都是你原先付出的东西的回报。你在付出时越是慷慨，你得到的回报就越丰厚。你在付出时越吝啬、越小气，你得到的就越少。你必须是出于真心的、慷慨的，否则，你得到的回报本应是宽阔的大河，但实际上你只得到了一条浅浅的溪流。

一个人如果能够利用各种可能的机会去探知生活的方方面面，他可能会获得全面而均衡的发展，然而他忽略了培养自己在社交方面的才能，结果是除了自己那点儿少得可怜的特长外，他仍然是一个能力上的侏儒。

错过与我们的同辈，尤其是那些比我们更优秀的人交流的机会，这将是一个极大的错误，因为我们本来可以从他们身上学到一些有价值的东西。正是社交活动磨掉了我们身上粗糙的棱角，让我们变得风度翩翩、优雅迷人。

只要你下定决心抱着付出的心态开始你的社交生活，把社交生活当作一个自我完善的过程，希望借此唤起你身上最优秀的品质，挖掘你因为缺乏锻炼而沉睡着的潜能，你就会发现，自己的生活既不沉闷也不徒劳。但要记住，你必须先付出点什么，否则你将一无所获。

当你学会了把你遇到的每一个人都看作一座宝库，那么每一个人都能够充实你的生活、能够丰富你的人生阅历、增长你的人生经验、能够让你的性格更完美、处事更成熟、让你不断得到达成愿望的机会。

每一个有成功愿望的人，都会把每一次经历看作一次学习的机会。

无论你是朝气蓬勃的青年还是白发苍苍的老人，真诚坦率都是令人愉悦的品质。那些坦诚率直的人，那些光明磊落的人，那些从不刻意掩盖自己缺点和不足的人，没有人会不喜欢。一般来说，这些人都心胸宽广，慷慨大方，愿意付出。他们会唤起别人的爱意和自信，用他们纯朴与直率换来别人的坦率与真诚。

相反地，躲躲闪闪、遮遮掩掩、不愿付出的人会让人生厌。这种人总是企图遮盖或是掩饰什么，让人不由得心存怀疑，结果就失去了别人的信任。

没有人会相信有这种品格的人，尽管他们表现得看来与那些有着阳光般坦率明朗性格的人一样亲切随和、平易近人。与这种人相处，如同搭乘一辆公共汽车在漫漫黑夜中行路，感觉夜深，路更长，行程让人如坐针毡，我们会心神不宁，焦虑不安，甚至痛苦难当。这种人也许与我们相处得和睦融洽，可我们总是疑心重重，不敢随便报以信任。

无论他是如何的举止优雅，如何的彬彬有礼，我们也会不由自主地认为，这种优雅举止下面一定含有某种动机，这种亲切随和后面必然藏有某种不可告人的目的。

这种人总给人神神秘秘的感觉，因为他在生活中都是戴着一张面具。他总是竭尽所能掩藏起自己品质中所有令人不快的一面。我们永远也无法看到他真实的一面，无法了解他到底是一个什么样的人。

然而，另外一种人和他们是多么的不同啊！心胸宽广、言谈诚恳、坦率纯朴，结果他们是那么快就赢得了我们的信任，也同时为自己赢得了实现愿望的机会。尽管他们会有一些小的错误或缺点，我们总能原谅他们，因为他们从不掩饰自己的错误，并能积极改正。他们正直诚实、光明磊落、乐于助人。

戴夫·朗贾柏格二十岁才从高中毕业，他一年级留级一次，又读了三次五年级。他的阅读能力只有中学二年级水平，有口吃，又有癫痫症。1996年，他的公司——朗贾柏格公司——却卖出5亿多美元的手制篮子、陶瓷、编织品及其他家饰品。这究竟是怎么回事呢？

其实，戴夫曾经遇到过许多逆境，但是他很有企业家的精神。童年时，他做过许多工作，家人叫他"二角五分的大富翁"。他从打工生涯中学到许多宝贵经验，他七岁时在杂货店打工，发现要让老板高兴的方法就是揣摩老板的意思，抢先一步做好。做其他工作时，他也仔细观察形形色色的人，从他们身上学习。例如，用轻松愉快的心情去做事，不但自己高兴，工作也会做得更好。和他做生意的人对他都有好感，就会继续和他有生意往来。当兵时，他学到了纪律、控制、和谐以及中央指挥，也学会如何做个冒险家，而不是赌徒。例如，他以极少的资金开了一家小餐厅。开业的第一天，他以135美元买了早餐的材料，再用早餐的收入买午餐的材料，用午餐的收入买晚餐的材料，这才叫白手起家！

后来，戴夫开了一家杂货店，经营得非常成功。不过他并不满足，始终在筹备更大、更好的事业。他的乐观、耐心及努力不懈，帮助他克服了许多困难。我们也可以从戴夫的故事学到一些做人处世的道理。

在这个自由贸易及开放的社会中，马克·莱特的表现十分突出。他是吉弟卡片公司的老板，也是加拿大最年轻的企业家之一。六岁那年他想能不能画几幅画来卖钱。母亲建议他把画印在卡片上出售。由于他有一些与众不同的构想，所以很快就步上了成功之路。

他在母亲的陪伴下，挨家挨户去敲门，言简意赅地说出要点："嗨！我叫马克，我只打扰一下。我画了一些卡片，请买几张好吗？这里有很多张，请挑选你喜欢的，随便给多少钱都可以。"他的卡片是用手绘在粉红色、绿色或白色的纸上，上面有一年四季的风景。马克每周工作六七个小时，平均每张卖七角五分，一小时可以卖二十五张。

不久，马克就发现自己需要帮手，他立刻请了十位员工，他付给他们的费用是每张原作二角五分。由于把业务扩展到邮购，所以越来越忙碌。第一年做生意，马克就赚了3000美元，足够带母亲畅游迪士居乐园。

十岁时，马克已经成了媒体上的名人，他上过许多著名的平面及视听媒体，包括大卫·赖特曼的《午夜漫谈》，柯南·欧布瑞安也曾访问过他。

马克有别出心裁的点子，不在乎自己的年龄，再加上母亲的鼓励，小小年纪就有了自己的事业。你是否也具有创意的好点子？果真如此，你还等什么呢？

# 小人物成为大人物的途径

失业者中，有多少人具有工作能力呢？也许大多数人都有工作能力——至少有相当比率的人如此。但是很多人找不到更好的工作，因为他们没有受过训练、缺乏背景或没有意愿从事较好的工作。只要有人给他们一份工作就好，是否胜任他们倒不在乎。但是在工商业社会中，员工对公司的贡献必须超出薪资的相对利润，否则公司有一天倒闭，员工也就失去了工作。

俄亥俄州尤克里市的林肯电子公司需要200名员工，但在2万多名应征者当中，却找不够合适的人员，因为他们连中学的数学都不会做，这究竟是谁的错呢？也许有人会认为父母没有好好管教他们读书，责无旁贷；也许有人认为教育制度太落后，已经不符合时代需要；另外有一些人则指责政府没有给予这些人足够的教育津贴。

事实证明，每个人都必须对自己负责，自行取得必要的资讯，才能获得自己想要的工作。例如，这两万名无法得到林肯电子公司优厚待遇的应征者，只要回学校进修数学，就有机会得到工作。迈出第一步的确需要有足够的勇气，也可能面对某些尴尬的情形。但是如果一味地置之不理，问题绝对不会变得更简单或者更易于解决。

总之，想要找到工作，就要设法进修。每周进修三小时，十个星期就能增进你的技巧、信心及自尊。现在就立刻进行，你的生活必将为之改观！

有人说工作是成功之父，正直则是成功之母。如果能和这两个"家人"和平相处，其他家人也就不成问题了。可惜有太多人不肯花心思和"父亲"好好相处，对"母亲"更是完全置之不顾。

很多人都以为工作应该既有趣又有意义，否则根本没有必要去做。金克拉认为，有了对工作的爱，又有酬劳，理该心满意足了。查理·高说，工作让人有饭吃、睡得安稳、快快乐乐地度假。

伏尔泰说，工作可以使我们远离三大罪恶：枯燥、邪恶及贫困。基于这个观点，我们可以体会到工作的好处，并且明白我们不是在"付出代价"，而是在"享受好处"。爱迪生说："世上没有任何事可以取代辛勤工作。天才是百分之一的灵感，加上百分之九十九的血汗。"富兰克林说："用过的钥匙永远是亮的。"理查·康伯兰也说："东西用坏总比生锈好。"

如果不努力工作，势必会失去生命中的许多欢乐和好处。希望每个人都喜欢自己的工作，随时拿出放长假前赶工的那股冲劲，不但会让你更喜欢工作，也能得到更高的薪金及赞美。

1983年5月，九十五岁高龄的海伦·希尔欣喜若狂地拿到了高中毕业证书。七十六年前，她高中毕业时，由于学校债台高筑，连毕业证书都无法付印，因此她和五位同学都没有拿到正式毕业证书。1907年毕业的那一班同学中，只有她一个人在世，所以老同学都无法分享她的快乐及兴奋。这件事告诉我们，昨日的失望可能成为今日的欢乐，永远都不嫌迟！

六十四岁的卡尔·卡森，忽然决定改变职业生涯。到了老年，大多数人都会想要退休，这真是不幸，因为许多六十四岁的人都还身体健康，并且累积了许多宝贵的经验。卡尔原本经营卡车出产公司，至于新的生涯，他规划开一家顾问公司。先从十位顾客做起，达到目标之后，他决定再扩大范围，发行月刊，并且为一千二百名订户担任顾问。到了七十五岁，卡森每年必须搭飞机往返全美各地百余次，在各种聚会中演讲，生活得非常充实愉快。

卡森的故事告诉我们，只要有心改变、有心学习，永远都不迟！太多的人没有达到目标，都千方百计地找借口掩饰：住的地方不适当、年纪太大、年纪太轻……要达到目标，并非易事，但是只要肯努力，绝对是值得的。时光不能倒流，不论年龄大小，每个人都同样可以拥有梦想。

如果能好好照顾身体，在个人及家庭生活、事业方面，都可以有更多成就。根据研究，担任最高主管的人当中，93%都具有很强的活动力。其中抽烟者不到10%，经常运动者占90%以上，而且每一位都了解自己的胆固醇含量，身体健壮的好处真是不胜枚举。

在这个瞬息万变的世界中，保持头脑清醒显然极为重要。由阅读、参加研讨会、聆赏教育视听媒体，以及课本中汲取广泛的资讯，为头脑做准备，当然是年轻人生活的一部分。

最重要的，可能是"品德正直"。全球排名五百的大公司的最高主管，他们最重视本身的正直。1949年哈佛企管学院毕业的学生——该校有史以来最优秀的毕业生——几乎千篇一律地表示，他们成功的主要原因，就是有正直的操守。

谈到工作，就一定会谈到态度。爱迪生就是一个典型的例子。一次，一名年轻记者问他："爱迪生先生，您目前的实验已经失败了一万次，请问您有什么感想？"爱迪生回答："年轻人，你的人生才刚刚起步，让我告诉你一个妙用无穷的观念：我并没有失败一万次，而是成功地发现了一万种行不通的方法。"

爱迪生估计，他一共做了一万四千次以上的实验，才发明了电灯。他锲而不舍的努力证明了一件事：大人物和小人物之间只有一点不同——小人物努力不懈就会变成大人物。

只有放弃的人才是真正的失败者。杰里·韦斯特是美国最伟大的篮球选手之一。他小时候非常坏，邻居小孩都不和他一起打篮球，后来他不断苦练，终于扬名篮坛。"毅力、专心、努力、血汗、泪水"这些字眼，当年常被丘吉尔用来鼓舞英国人。虽然听起来稀松平常，但却是成功最主要的因素。要克服障碍，也绝对少不了这些特质。

著名演说家狄摩西尼斯因为有语言障碍，所以非常害羞。父亲留给他一笔庞大的遗产，但是希腊法律规定他必须当众辩论获胜，才能继承遗产。语障和羞怯使他失去了这份遗产。后来，他发愤图强努力苦练，终于成为留名青史的伟大演说家。这个故事告诉我们，只要最后能够爬起来，无论跌倒多少次都不算失败。

你已经尽力而为仍然没有成功，不要心灰意冷，不妨另外展开一项计划。

有一个年轻人和朋友一起勘探石油，但因资本用尽，只好把股份卖给朋友。后来他又进入成衣界，不料生意更差，甚至宣布破产。幸好他并未一蹶不振，又步入政界，他就是众所周知的杜鲁门总统。

所谓失败，就是一遇到阻碍就认输；成功则是锲而不舍，信心十足地做下去。如果某件工作比你预期的困难多，要记住，天鹅绒没办法磨利刮胡刀，老是用汤匙喂一个人吃东西也无法使他坚忍不拔。

万事俱备，一旦时机到来，就是成功的时候。机会往往就在不远的地方，只要多加一分努力就可以得到。

柯立芝总统说："世上没有任何东西可以取代毅力。天赋不能取代它，世上到处都是失意的才子；天才不能取代它，世界上也有许多被埋没的天才；教育不能取代它，世界也有学而不用的人。只有毅力、决心及努力才是成功的决定因素。"

攀登人生阶梯的时候，必须记住，每一阶梯都只是为了让你踏到更上一层，不是要让你休息。每个人都有疲倦、沮丧的时候，但是正如重量级拳王詹姆斯·柯贝特常说的："只要能比别人多打一回合，你就成为拳王了。"威廉·詹姆斯说，人不仅能打第二回合，还能打第三回合、第四回合……甚至第七回合。我们都有无穷的潜力，只有努力发挥，才能展现它的力量。世界著名的大提琴家巴布洛·卡萨斯扬名国际之后，仍然每天练琴六小时，有人问他为什么要这么努力，他只回答："我觉得自己还可以进步。"

成功的机会存在于每个人的内心，只有努力才能把机会引导出来。"打铁趁热"固然不错，如果能自己把铁打热岂不更好？的确，毅力和努力实在太重要了。只要不断努力，继续磨炼自己、发挥天赋，总有成功的一天。即使成功遥遥无期，你仍然是大赢家，因为你已经尽力而为。只要有这种锲而不舍的精神，成功的机会非常大。

世界上没有懒人，只有病人和没有开窍的人。病人应该就医。没有开窍的人应该做几件事：多读几本书、多听有益的演讲、多交益友。鲍伯·理查曾经是奥运冠军，也是美国数一数二的演说家，他认为启发对人非常重要。奥运会不断有人打破纪录，是因为比赛的人看到别人卓越的表现，激发了选手更上一层楼的决心。

总之，许多"懒人"都有形象方面的问题。他们不愿意全力以赴，害怕万一做不好就失败了。如果他们只花一半的努力，失败的时候就有借口了。他们觉得自己不算失败，因为他们没有真正努力。这种人常常喜欢耸耸肩说："我无所谓。"

# 给予与收获的关系

金克拉到各地演讲时，常常以抽水机为例。他偏好抽水机的故事，觉得它代表了美国、自由企业及人生的故事。希望你也有机会用抽水机，就更能体会这一系列思想的意义了。

多年前一个炎热的8月，伯纳和吉姆在亚拉巴马州南部的山丘上驾车。他们觉得口渴，身边又没有水，伯纳就把车停在一个废弃的农庄边，农庄院子中央有台抽水机。他跑过去握住把手开始抽水。过了一会儿，伯纳请吉姆到附近河里装一桶水来"引"水。用过抽水机的人都知道，一定要先在抽水机里倒些水，才能把水引出来。

人生也是如此，一定要先付出代价才会有收获。遗憾的是，许多人常常站在生命的火炉前说："火炉啊！你先给我热，我就给你添柴火。"

秘书常常对老板说："给我加薪，我一定会更认真工作，表现得更好。"推销员对老板说："提我做推销经理，我就会拿出真本事。我现在的确表现得不好，可是我要有权力才能把事情办好。提我当经理，等着看我的表现吧。"学生常常对老师说："要是我这学期成绩太差，家人一定会骂死我。拜托你这学期给我好一点的分数，我保证下学期一定认真用功。"这些话有点令人怀疑。如果这一套行得通，农夫就可以祈祷："上帝啊！如果你今年赐我好收成，我明年一定好好播种，努力耕种。"这些人都希望先收获再生产，可惜人生并非如此。一定要先有所付出，才能得到收获。如果一生都能铭记这个观念，许多问题就迎刃而解了。

农民春耕秋收，其间要付出许多辛劳，作物才会成熟。学生要经过多年苦读，才能求得知识，得到毕业证书。秘书要升为经理，不但要做好分内的工作，还要付出许多额外的心血。运动员要得到冠军宝座，必须不断苦练，付出许多血汗。今日的推销员要成为明日的推销经理，必须明白抽水机引水的原理，换句话说，一定要先付出才会有收获。

现在再看看那两个在亚拉巴马州的朋友。炎热的八月天，伯纳压了几分钟抽水机就汗如雨下。他担心自己会徒劳无功，很想就此住手。一会儿，他对吉姆说："这个井恐怕根本没有水。"吉姆回答："一定有水，亚拉巴马州南部的井都很深，所以水质才会甜美、纯净。"吉姆说的也正是人生的道理，不是吗？辛苦工作得到的成果，我们总会特别珍惜。

虽然吉姆这么说，但是伯纳又热又累，根本不愿意再试。他双手一摊说："吉姆，这个井根本就没有水。"吉姆赶紧接住抽水机把手，继续抽水，一边说："不要在这时候停手，否则水会全部倒流回去，到时候又要重新来过。"人生也是如此，我们偶尔都会觉得"根本没有水"，想要住手。

我们没办法从抽水机的外表判断还要压多少下才能抽出水来，同样地，也无法得知在人生中什么时候可以收成。

但可以肯定，无论你从事什么职业，只要付出够久、够努力、够用心，迟早会有成果。如果你到了某一个程度就放弃，结果必然前功尽弃，毫无收获。水开始流出来之后，只要保持一定的压力，就能得到绰绰有余的水。人生的成功与快乐都在这里面了。

无论你做什么工作，除了要有正确的心态和习惯之外，还要有锲而不舍的精神。就像抽水机可能只要多压一下就可以抽出水来一样，成功及胜利常常近在咫尺。无论你是医生、律师、学生、主妇、工人或推销员，一旦抽出水来，只要稳定地付出一些努力，就可以使水流源源不断了。

这个抽水机的故事就是人生的故事，也是自由企业制度的故事。它和一个人的年龄、教育程度、肤色、性别、胖瘦、宗教信仰都没有关系，但是却与一个人工作的意愿、努力的程度、对生命的期望息息相关。

你爬到高位之后，仍然要记住抽水机的故事。如果开始抽水的时候抽抽停停，永远也抽不出水来。只有认真地抽，持续不断，才能抽出水来。

现在，你已经站在成功阶梯"工作"的那一阶，只要再踏上最后一阶"热望"，就可以抵达明日之门了。朋友，再加一把油吧！你离成功只差最后一步。

# 找到成功的"靠山"

精力是一个人唯一的靠山，所以一定要好好地爱护它。

想实现成功愿望的人，一定要从自爱做起。也就是说，他应该懂得，将来的一切成就都要靠健康的身体去争取，身体这架唯一的机器，一定要小心翼翼地加以爱护。

有些人常常不以为然，他们从不按时吃饭，他们好像也从来没有注意要有好的睡眠或休息。等到他们身体、精神开始衰退，出现了大的损伤，他们才感到惊讶：自己的头发怎么白得这么快？自己的胃口怎么不好了？年纪轻轻怎么就衰老得这么快？他们不懂得使自己吃这些苦、受这些麻烦的，正是自己的欲望以及急功近利所致。

一个人的身体是他的无价之宝，千万要好好珍惜。有强健的体魄，才能成就大事业。

无论在何地，我们都可以看到许多萎靡不振的人，他们的年龄不过30岁左右。可是看上去已经腰弯背驼、头发斑白了，一副死气沉沉的样子。他们走路也摇摇晃晃的，他们的脸上过早地长满了皱纹。从前，他们都是志向远大的人，多么希望一鸣惊人！但现在呢？他们已经将自己所有的资本——精力和体力都消耗干净，他们那架唯一能够促使他们成功的机器——身体，已经锈迹斑斑，不能再用了。从年龄上说，他们应该是大有作为的时候，但是从生活状态来看，他们好像已经暮日来临了。

有些人为了节省几个钱，不肯多给自己增加一些必要的营养。

他们吃得十分简单。其实，他们应该在饭店里好好地坐下来，叫几种有营养而又可口的饭菜，慢慢地吃上一顿，再好好休息一会儿，让胃里的东西好好地消化之后，再去接着工作。

这样吝惜而不考虑自己的身体，实在是一种得不偿失的做法，根本谈不上"节俭"两个字。一个真正懂得节俭的成功者，他随时随地都用心去增加自己的体力、保养自己的精神和头脑，使自己浑身充满无限的力量。他明白一个道理，只有凭借充沛的脑力和体力，才能实现自己最终的愿望。

有些人太不重视自己所具有的天赋，他们不肯注意保养那部能够使自己成功的机器，不肯给它加上充足的油，所以，他们很难实现心中的愿望。在我们的社会中，这种人有很多。他们尽管为自己设立了很好的愿望规划，在潜意识中也有去实现愿望的积极信念，由于不爱护身体，以致无法积蓄起足以使自己达成愿望的能力。

就好像他手里拿着一柄钻子一样，把自己那储藏伟大生命力的宝库钻了无数个漏洞，让他那宝贵的生命力大量地泄漏出去。在我们的周围，这样的人真不知道有多少，他们拼命地在生命的宝库上钻洞，打算让促使自己成功的所有生命资本泄漏干净。

他们不但无限制地挥霍掉自己天赋的生命力，还不珍惜自己后来积蓄的一点精力。但就是这样的人，还总是对自己为什么不能实现愿望表示惊讶。

很多习惯会成为你精力大量泄漏的漏洞，如睡眠不充足、不经常做体育运动、不肯吃有营养的食品，不肯把负担过重的工作放一放，来一次休假等。

一个人的身体状况和精神状态是最能影响他的姿态和气质的。在街头巷尾，看到一个昂首挺胸、气宇轩昂、步伐矫健的人，谁都会羡慕他们那种健康的姿态。但实际上，只要是躯体没有残疾的正常人，都可以通过有规律的生活、适度的运动，来获得这种优雅的姿态。

要养成良好的姿势，只要你在潜意识里不断这样暗示自己就能做到。走路或站立的时候，身体必须挺直，一旦养成习惯，你的姿势就会自然而然显得美观而有生气。与此同时，威仪严正的姿势还会对你的健康与自尊心带来很大的影响，甚至成功的机会也会随之而来。

走路时两腿必须要挺直而有力，步伐坚定。千万不要像穿了拖鞋一样，两脚拖拉着。走路时两臂摆动要很自然，不要太急也不要太缓，总之，走路的姿势要像行云流水一般，美观而自然，千万不要显出东倒西歪、摇摆不定的样子，或是一路跑跑跳跳。

那些不注意自我训练的人，坐的时候总是弯着腰，这是很多人的通病。他们整天把身子埋在椅子上或沙发里，等到走路时，当然就不可能有良好的姿势了。最不利的是，这种懒洋洋的姿势还会钝化人的思想，让人产生消极的负面因素，对成功丧失信心。

一个人的才能学识往往与身体的各个部分有很密切的关系，有时身体的某一部分出了毛病，就会影响到全身不舒服。同样，一个人如果有坐立不稳的习惯，那么他的性格也容易受到不良的影响，他的学识和才能就难以再进步。

有些人习惯躺在床上看书，或是在有一个可以支撑他身体的地方看书，结果，看书的时候他就东倒西歪。他们坐在椅子上，也总是把脚跷得很高。有了这些不良的习惯，他们就越来越懒。

一个人常常腰弯背驼，其消化力也不会太强。因为这种不良的姿势很容易妨碍血液的循环，会减低心脏的活力，而且养成这种姿势的人大都不能吃苦耐劳，稍一工作就浑身难受，就要伸懒腰来舒动筋骨。

如果一个工程师只因为要省一点儿润滑油，而任凭他的机器和发动机损坏了，你一定会嘲笑他是一个大笨蛋。可是，我们的社会中到处有这样的人，他们舍不得用舒适、休息、运动的油来润滑自己那架宝贵的身体机器。如果一个人长时间疲劳得不到恢复，就会使人精神紧张，效率低下，得不偿失。工作之后，应当有适度的休息和娱乐。休息、娱乐，可以使你消除疲劳，恢复体力，可以使你精神放松，工作起来具有更高的效率。

放松、休息是一个恢复精力、增强创新能力的过程。这个过程是持续不断的。人的一生也就是一个不断释放能量又不断补充、恢复能量的过程。一个人如果能按一定的规律生活，不断释放能量又不断恢复能量，那么，他就能够轻松自如地生活、工作。这就是所谓的文武之道，一张一弛。

怎样掌握这些技巧呢？以下这些原则可使你轻松地完成艰难的工作，做到举重若轻，使你得到休息，保持旺盛的精神。

我们应该遵守以下原则：

第一，不要认为你是以肩掮天的巨神阿特拉斯。生活、工作不要过于紧张，不要自己跟自己过不去。

第二，要热爱自己的工作。只有这样，你才能感到工作是一种乐趣，而不是枯燥烦人的事情。或许你根本用不着改变职业。改变自我，你的工作态度也会随着发生变化。

第三，对工作要有计划——按计划办事。工作缺少计划，就会有"陷入困境脱不开身"的感觉。

第四，不要什么事都做。这样，时间浪费了，事情却没有做完。要听从《圣经》的告诫："一次只做一件事。"

第五，保持良好的精神状态。记住：一件事是难是易，主要取决于你怎样看待它。如果你认为它很难，那么做起来你就必然费劲；相反，如果你认为它很容易，那么，你做起来就会显得轻松。

第六，工作中讲究效率。"知识就是力量"，这对你的工作是完全适用的。按正确的方式方法办事，事情当然要容易一些。

第七，学会休息、放松。轻松、自如往往更容易成功，不要过于紧张、忙碌。会休息的人才会工作。

第八，养成今日事今日毕的习惯。

当然，在工作中矛盾会很多，你想成功就得克服许多困难，不断解决问题。比如说工作与生活的矛盾，下面谈几点解决生活中难题的简单方法：

第一，相信每一个问题都会有解决的方法。

第二，保持平静。紧张会成为解决问题的阻力，会成为积极思考问题的绊脚石。在有很大压力的情况下，你的大脑难以有效开动。一定要冷静、沉着地面对问题。

第三，不要勉为其难地去解决问题，不要急于找到答案。精神放松，局势才会变得明朗，视野才会开阔。

第四，公正、公平、不带个人偏见地分析事物的各个方面。

第五，把各个要素都列在纸上，这样会使你思维清晰，使各种要素有条不紊，成为一个有机和谐的整体。

第六，不要为生活中的难题过分烦恼，相信在紧急的情况下，你的应急能力、大脑的爆发力会充分发挥出来，让你产生思维的火花。

第七，相信你的内在潜力和你的直觉。

第八，平静中让你的潜意识发挥出来。解决难题时，创造性的思维所具有的力量是让人难以想象的。

第九，如果你遵照这些原则、方法行事，问题的答案就会涌上心头。

# 第八章　唤醒你的潜意识

一切生命来到这个世界上，都有着神圣的使命。在一个具有强烈求胜心和坚强意志的人面前，世上根本没有难事。也可以这么说，机会不会光顾没有思想准备的人。因此，专注于你的目标，明日的成功之门必将向你敞开。

# 热望的巨大威力

有一种左轮手枪，能让一个小个子把大壮汉击倒。现在，左轮手枪已经过时了，但是却有另外一种武器——热望，它能使平庸的人有杰出的成就。因为有了热望，你会和别人在许多地方不一样，这些不一样的地方集中起来，就使你的人生变得美好。

热望就是比平常人多出来的额外部分。就像多盖了一条毯子，能使你感到暖和；就像多加一些温度，可以使热水变成蒸汽。华氏二百十一度的水，足可刮胡子、泡咖啡，但是只要再多加一度，热水就会变成蒸汽，可以发动火车游遍全国，或者发动汽船环游世界。多了这一点额外的部分，你就可以爬上人生的巅峰。

著名的棒球选手泰柯伯就有很强烈的热望。有一次，他发烧到华氏103度，医生命令他卧床休息。但是当天有一场球赛，他觉得自己应该出赛，就不顾一切上场了。结果他打出三个全垒打，盗垒三次，赢了那场比赛——然后昏倒在休息室的椅子上。

另一位棒球选手彼得·格雷也是棒球史上不朽的人物。他从小就立志进入全美棒球联盟，决心出人头地。因为他努力不懈，终于在1945年进入全美棒球联盟。虽然他只待了一年，也没有击出全垒打，但是他仍在棒球史上万古流芳，因为他虽然没有右臂，仍然爬上了人生的巅峰。他没有因为缺少右臂而自怨自艾，反而极力发挥自己拥有的左臂。人生就是如此，想要成功就必须充分发挥自己所拥有的一切。

热望可以使人把能力发挥到极限，勇往直前，毫不犹豫，不论考试、报告、工作或参加运动竞赛，都应有同样的态度。

只要尽力而为，不论结果如何，都可以心安理得，不必到了事后再感叹："如果当初……"

只要有求胜的热望，即使在理论上无法胜利，也往往会事出意外。比利·米斯克就是一个很好的例子。他是优秀的拳击选手，曾经和杰克·丹普西争夺世界重量级冠军。二十五岁原本应该是他事业的高峰，不幸却因重病住院。医生劝他从此退出拳赛，但打拳是他唯一的谋生本领。二十九岁时，他的肾脏坏了，他知道自己终究逃不过死神的魔掌。他的身体非常虚弱，无法到体育馆练习或做其他工作，只能和家人待在家里，眼睁睁地看着家里变得一贫如洗。

圣诞节快到了，他渴望给深爱的家人一个快乐的圣诞节。11月，比利到明尼阿波利斯去见他的朋友，兼经纪人杰克·瑞迪，要求杰克为他安排一场比赛。起初杰克不答应，因为比利的体力根本无法上场比赛。但是比利一再说明自己的困境以及不久于人世，希望能再比赛一场，让家人欢度圣诞的心愿。杰克终于勉强答应，但是要他好好回家锻炼身体，比利答应尽力而为。

杰克安排比利和毕尔·布利南出赛。毕尔是个难缠的拳手，曾经和丹普西苦战十二回合。虽然已经过了巅峰时期，但是对垂死的比利而言仍然是十分强劲的对手。

比利没有锻炼身体，一直待在家里保持体力，直到比赛前才赶到俄马哈市。他的身体非常虚弱，但是为了深爱的家人不惜拼死一搏，把所有潜力发挥出来。他在四回合之内就打败了毕尔·布利南，赢得2400美元的奖金，为家人买了许多渴望已久的东西，全家人欢度了前所未有的快乐圣诞节。12月26日，比利打电话请杰克送他到圣保罗医院。次年1月1日，他病逝于院中，和这次拳击赛仅仅相隔六周。由于比利有强烈的热望，希望赢得这场比赛，因此能把潜力尽情发挥。其实，每个人也都有无限的潜力，只要有心，就能善加利用。

我们做任何事只要尽力而为，不论结果如何都是赢家，因为努力所带来的满足已经让我们胜利了。蓝迪·马丁于1972年首次参加波士顿马拉松赛，路程长达二十六英里，有许多上下坡，难度很大，只要跑到终点就是胜利者且都有一份奖品，因为把一件事有始有终地做完就是给自己最好的报酬。这个观念非常重要，因为事实上你是在和自己竞争。自己全力以赴，充分发挥潜力，就是最值得安慰的事了。尽力而为就是一种胜利，因为你战胜了自己。正如一位体操冠军所说："尽力做好一件事，比超越其他人更重要。"

说到强烈的热望，班·贺根是非常好的典范，他可以说是最了不起的高尔夫球员。他的体力或许不如许多同伴，但是他的毅力、决心足以弥补体力的不足。

班·贺根曾经在高尔夫球场上叱咤风云，但是在巅峰时期发生了一场车祸，几乎夺去他的生命。一个浓雾弥漫的早晨，他和妻子在高速公路上驾车，一个急转弯，迎面驶来一辆大巴士。说时迟，那时快，班立刻扑向妻子保护她。这动作也救了他自己一命，因为方向盘被大巴士撞得整个嵌进驾驶座。他在鬼门关徘徊了好几天，终于脱离险境。不过医生们一致认为他的球涯到此为止，以后能走路就不错了。

但是医生们没有料到他有极为坚强的意志和强烈的热望。从他忍痛一步步重新迈开脚步时，就开始重拾伟大球员的梦想。他不断运动，加强臂力，并且随身携带高尔夫球杆，在家靠着颤抖的双腿练习发球。等到体力稍好，就开始到球场打球。刚开始成绩虽然不好，但是一天天有了起色。最后，他终于回到球场上比赛，很快又重新获得冠军。

# 得失总在弹指间

许多人失败，因为他们总是在寻找好运，现实生活中是没有好运的。它只不过是勤奋努力的代名词。

人们对如何成功都很感兴趣。几乎每个具有一般智力水平的人都知道成功是什么，但相对来说，几乎很少有人知道如何取得成功。

成功，是一个神奇的字眼！也是每个人都梦寐以求的。为了取得成功，不知道有多少人在辛勤的劳作。成功是众多难以言说的词语中的一个。成功可以感觉，但不好解释；可以经历，但不好定义。常恨言语浅，不如人意深。词语有时只是思想和感觉的不完全表达。当灵魂如火、心如潮水时，词语就像婴儿的咿呀学语。从"辞典"上解释，成功就是指梦寐以求的丰硕的结果或者事业上的繁荣昌盛。但是，要想全面地理解"成功"的意义，你一定要走进生活或体验生活本身。只有这样，你才能领会成功的确切意思。从旁观者的角度看，理解成功的最好方法也许是阅读成功者的传记。爱默生说过："本来就没有历史，历史都是伟人们的传记。"当我们泛泛谈论人生的时候，我们头脑里是没有哲学观念的。也就是说，它是与外部世界相对应的内部观念。尽管这样，这对一般人来说，是没有什么意义的。人们所做、所想、所说的是生活的一般观念。对于大多数人来说，他们只是根据生活经验储存生活观念。人们做出计划进而产生导致成功的伟大策略——那是生活。

生命是由"得失"组成了。坐在办公室里的商人定购货物、命令推销员销售货物，他在考虑"得失"。轮船老板推算货仓的数量，思考着运行成本，希望在年底财务报表能朝对自己有利的方向倾斜，他在思考着得失问题。工厂主、杂货店老板、纺织品制造者和农夫，他们都在考虑"得失"。出卖劳动的工人和机械师也在市场上寻找有利机会，计算着"得失"。即使家庭里的母亲和妻子也在设法将一美元当作两美元用。看起来"得失"在人生中已经变得非常重要，可以说生命就是由它们构成，或者说，它们就是人们的生存方式。

顶峰之上还有空间，因为许多人都没有能够抵达那里。有些人失败，是因为他们只依赖于运气。应该是没有运气这种东西的。它是一个"神秘物"。人们失败，因为他们在持续不断地寻找"好运"。而现实生活中没有"好运"，好运只不过是努力工作的代名词，它代表着人类的良好品质。有一些人失败，是因为他们等待好事"发生"。除非有人使其发生，要不然好事是决不会自行发生的。现实生活中没有好事会自动"发生"。人们必须采取行动使好事发生。另外，有些人失败，是因为他们总在寻找"平坦之路"。然而，现实生活中道路不会是平坦的。有人说，成功的人就是将其时间系统化了，使时间得到了充分的利用。会休息才会工作，会工作才会休息。工作和休息应该好好地搭配，两者都不能以牺牲对方为代价。许多本应该有作为的青年人的失败，主要是受坏伙伴的影响。朋友要么妨害我们要么帮助我们进步。一个懒惰、粗心、挥霍的朋友会潜移默化地影响我们，就像手指碰了灰尘后一定会脏。另外，无数人的失败应该归结为其缺乏自制力、缺乏自信心。信赖自我、相信自我是成功的最基本要素。对于心灵脆弱的人来说，星星的下面和上面什么东西都没有。能独当一面的人，才能在"人生的游戏"中取胜。

能使自己保持正确方向的年轻人，即使在他的人生道路上有许多地狱小鬼，他也能最终取得胜利。没有脊梁的人——自然学家告诉我们蚯蚓没有脊骨——在人生中不会成功。成功需要力量，依赖自己并按自己的意志行事的人，是不会在途中落下马来的。当内在的我说"不"时，自我依赖的人会用坚定而有力的证据重复"不"，从而填补失去的空洞。当有心人小心地说"是"时，他就把他唱出来、喊出来，这叫声、这喊声惊天动地。

坏习惯对一个人的成功是极其有害的。许多人已经有了恶习，所以在这里要郑重提出。有人说："哎！我们早就听说过了。"但是，这还需要反复强调和引起足够的重视。坏习惯是害人的。

有些聪明的、有活力的、乐观的青年人喜欢在想象和梦幻中看人生，他们看到田野里的鲜花、天上的月亮和星星在向他们点头，他们对它们说："请告诉我如何才能赢得成功。如何才能做得更好。"

第一，要有一个远大的理想！就像爱默生所说的那样："把马车拉到星星上去。"这确实是一个雄伟的目标！没有理想的人是不会取得成功的。前进的道路上有困难，但这并不是说成功不可能。记住那句古老的拉丁格言："具有远大目标的人才能获得成功。"

第二，自我克制！这是指品格的力量。要有克服困难的意志。"我要"与直布罗陀海峡一样无懈可击。能够驾驭自己的人比征服了一座城池的人还要伟大。是"意志"造就男人，它超越爱情、欢乐、沉迷或者粗心。

第三，有了坚韧不拔的毅力就成功了一半。事实上，大人物与小人物之间，弱者与强者之间，最大的差别就在于意志的力量。在生活中，奖章是颁发给那些能坚持到达终点的人的，成功决不会偏爱弱者。意志力强的人遇到困难，会潇洒地向困难招招手，进而克服困难。不达目的，决不停止。

生活有欢乐，也有悲伤；有健康，也有病痛；有幸运，也有灾难；有成功，也有失败。莫说江头风浪险，更有人间行路难。在生活的海洋中，有狂风暴雨，有湍急的水流，有危险的暗礁，一帆风顺几乎是不可能的。我们是伴着啼哭来到人世的，也是带着叹息离开尘世的。

# 为潜意识而催眠

如果你是老板，你希望拥有什么样的部下？希望他具有什么特性？诚实可靠、忠心耿耿、聪明能干、平易近人、愿意终身为你效力吗？听起来真是十全十美，不是吗？如果有这样的员工，你会如何对待他？这个答案极为重要，因为这个"理想"员工的表现完全决定于上司的态度。如果你体贴和气，他会长期努力为你工作。如果你粗鲁暴躁，他也会变得顽固反叛。夸奖他聪明能干，他就会有精明能干的表现。骂他愚笨、懒惰、不负责任，他会满怀怨恨，把所有的事都搞砸。告诉他你尊敬他，他会为了替你解决问题彻夜不眠。整天对他唠叨，说你不欣赏他，他会心灰意冷，什么事也做不好。

如果这么理想的人才来向你求职，你会雇用他吗？雇用之后，你会如何对待他呢？

差点忘了告诉你，这个理想的员工很容易受周围的人影响。如果四周都是消极、悲观的人，他也会变得消极、悲观，不会有任何好的表现。如果四周都是积极、乐观的人，他必然会有极好的表现。

你一定满怀雄心，打算以最亲切、和蔼的态度对待这位员工，仔细观察他的作为，以便真诚地褒奖他，让他为你尽心尽力。然而事实上，你却很可能滥用、误用了这个员工。世界上还有亿万的人生活在贫困悲苦的生活中，只因他们也滥用、误用了这位理想的员工——潜意识。

潜意识这个员工，和前面所说的"理想"员工完全一样。只要你一声令下，不论是积极的或消极的，它都会坚决执行。检讨一下，你是如何对待这个千载难逢的员工的呢？

接下来，让我们来了解潜意识这个神奇的仆人能为我们做哪些事，如何有规律、有效地加以运用，才能使它表现得更优异。

丹尼·琼斯是个健壮的黑人，身高六尺，但是对亲眼看见下面这场意外的人而言，他简直就像巨人一样。一辆大卡车驶出路面，猛然撞上一棵大树，引擎也被撞回驾驶座。卡车司机被夹在驾驶座内动弹不得，脚也被卡在离合器和刹车踏板之间。车门被压得完全变形。救护车赶到之后，极力营救司机，却因为车子变形太厉害，无论如何都打不开车门。更糟糕的是，车子开始燃烧，大家立即手忙脚乱起来，眼看着司机就要被烧死了。

丹尼看到救护人员打不开车门，仍然决定尽力尝试。他抱紧车门，使出所有力气往外拉，他的肌肉紧绷，袖子都撑破了。最后，门终于开了，丹尼赤手空拳把刹车和离合器踏板压弯，把司机的脚拉出来，把火扑灭，爬进车里把重伤的司机抱出来，然后很快就悄悄消失了。

后来有人寻访到他，问他怎么会有如此神勇的力量，他只简单地说："我痛恨火。"原来几个月前，他眼看着自己的小女儿被烧死，因此才激发了他的潜力。

另外，还有一位三十七岁的女士，把三千六百多磅的车子扛起来，让她的儿子安全地爬出来。她也是在情急之下做到的。

你在街上开车或搭车时，原本并未特别思考什么事，很可能突然灵机一动，大叫："对了！就这么做！我怎么没有早一点想到呢！"原来你苦思多日的问题，突然想到解决之道，难怪兴奋得无法自已。

那位三十七岁的母亲和你所做的都是同样一件事——发挥潜意识的知识及力量。多年来，人类一直想解开潜意识之谜，让庞大的潜力能随心所欲地为人所用，但是几百年来，也仅仅偶尔加以运用，始终无法了解潜意识的神秘力量。

现在，先让我们以门外汉的角度来研究潜意识运作的方式，以及它与意识之间的关系。接下来告诉你一些方法，让你体内的这股神秘力量尽情发挥。

意识是大脑中计算、思考、推理的部分，它可以接受或拒绝外来的信息。一般而言，我们的学习都是经由意识。但是，要把事情做好，就一定要由意识转化成潜意识。

潜意识具有完美的记忆力。我们所看过、听过、闻过、尝过、摸过甚至想过的任何东西，都会变成潜意识中永久的一部分。一天24小时，一星期7天，一年365天，潜意识时时都保持清醒，它毫无疑问地接收所有输入的信息，不加分析，也不会拒绝。潜意识有无限的潜能，能够储存我们输入的所有信息。

催眠对大多数人而言，仍然是未知之谜。它主要与潜意识有关。催眠师的作用是帮助你放松、专心，并且运用潜意识。

催眠不能拿来当朋友之间的游戏，人在催眠的状态下也可能做出不诚实或不道德的事，因此一定要请专业人员进行催眠。要把一个人催眠并不难，但是要唤醒就不简单了。万一技术不精的业余催眠师把你催眠之后出了状况，可能造成非常严重的后果。

总之，催眠在专家手中妙用无穷，在业余玩家手中，却可能带来危险，使用时不可不慎。

有一位心理学家进行实验，请一个大学生背下报上的三段文章。他用心背诵，结果只漏了一两个字。心理学家问他，报上的其他部分记得多少，他笑道："一点都不记得，我只专心背这三段文章。"

于是心理学家就为他催眠，奇妙的事发生了。他不但会背那三段文字，也能背出同一版上其他大部分的文章，因为报上的信息已经直接输入潜意识完美的记忆中了。其实这对视力正常的人来说并不稀奇，因为眼睛的余光可以看到物体左右两旁的东西。否则，开车、走路、骑脚踏车的时候，就会对社会和自己造成危险。

既然催眠的效力如此大，你也可以用本书及市面上出售的各种好书、录音带来"自我催眠"，吸收各种干净、积极的思想，以便善加利用，得到自己想要的东西。虽然这样做要花不少心血，但收获也非常可观。

你一定看过某些人的办公桌上文件堆积如山，仿佛忙得不可开交。相反地，有些人的桌面非常整洁，这些人是否比较空闲呢？其实，由桌面的情况大致可以判断桌子主人的收入。一般而言，桌面凌乱的人，收入一定不超过年薪2万美元。作家、推销人员、销售经理及一些专业人员思考及计划时经常不在桌前，算是例外。整洁的办公桌不一定代表高收入，但是大多数年薪超过5万美元的人，办公桌都很整洁。

为什么呢？如果桌上堆了好多东西等着处理，你本来在进行其中一件事，很可能忽然心血来潮，开始做另一项。过了一会儿，你的"眼光"瞄到另一份文件，不知不觉又拿起来看看。就这样三心二意，无法真正专心做其中任何一件事。

催眠就是把注意力集中在某一件事的力量。先把桌上的东西全部移到视线以外的地方，只留下你准备最先处理的事，因为一次不可能同时处理好几件事。有了干净的桌面，就有了变化。第一，桌面干干净净，你会觉得很愉快。第二，不但能专心把事情做好，也会做得更快。第三，东西放在固定的地方很容易找到，节省了许多时间。

傍晚下班时，看到整洁的桌面，就知道完成了一天的工作，心里会很有成就感。不再像过去那样，惦记着满桌没做完的工作。第二天上班时，你会觉得面对崭新的开始，而不是继续昨天没做完的工作。把一件事做完再做另一件，比这件做做停停、那件停停做做效率高，所完成的工作更多也更好。

潜意识会把我们"输入"的信息清单全收，我们如果不加选择，就可能伤害自己。

既然潜意识从不休息，我们就可以利用意识休息的时候，把更多知识输入潜意识中。下面举一个金克拉运用潜意识的小故事。

金克拉有个女儿小时候有尿床的习惯，他和夫人非常困扰，所以当他们听说"睡眠教法"及潜意识的功能时非常兴奋，决定做个实验。每当她入睡之后，他或夫人会在床边说："你是个小美人，爸爸、妈妈好爱你，其他人也都爱你，因为你甜美可爱，而且喜欢睡在暖和干净的床上。你一直都睡在暖和干净的床上，如果想上厕所，就会自己起来。"他们从来不说"不许尿床"之类的话，也就是绝对不给孩子负面的指令。除此之外，白天女儿没睡觉的时候，他们会夸奖她长大了，很骄傲有这样的好女儿等等。意识与潜意识双重作用的效果非常惊人，十天之后她就不再尿床了，以后也只发生过一两次意外。

善于运用潜意识，可能会带来无穷的妙用。

第一，你要知道你所看过、听过、闻过、尝过、摸过或想过的每一样事物，都会永久成为你的电脑——潜意识——的一部分，随时等待你使用。这部电脑可以把多年积下来的零星事实奇妙地结合在一起。日后遇到问题时，可能会灵机一动，想到解决的办法。

第二，潜意识反应的对象是"刺激"，而不是压力，你不能"命令"潜意识一定要在某一个特定时刻给你答案，这样没用。但是只要多接收有教育性的资讯，潜意识就会在不知不觉中吸收，未来就有更多可用的资源。

第三，小心潜意识会受到愚弄或误导。如果我们接收错误的思想或信息，潜意识也同样会吸收，因此我们看书、看电视、交友都必须谨慎选择。大约有三分之二医学院的学生都会感染他们所研究的症状，这就是心理学上的"认同作用"。

第四，"不要把问题带到床上。"这句话其实是错误的，因为上床之后往往可以解决许多问题。为什么呢？晚上躺在床上，心平气和，抛开一切不愉快，回忆一下当天快乐的经验。这种平静，是产生力量的来源。在平静之中，找寻能使你在人生游戏中成功、快乐的信心，由于内心极度平静，就会安然入梦。一切消极思想都不存在，创造力或潜意识得以尽情发挥，自然会展现最好的成绩。

第五，遇到任何问题，都要找寻积极的答案。把美好、积极的思想输入潜意识中，告诉你的潜意识："我知道你能解答任何问题，并且在我需要的时候协助我，我会信心十足、耐着性子等待。"

第六，身边随时准备纸和笔，如果有录音机更好。有时候，你也许会忽然想到一个绝妙的点子或解决问题的方法，半夜醒来。如果不立即记下来，第二天十有八九会忘得一干二净。但是如果能当时记下，既可以安然入睡，也能保留下可贵的想法。

万一你醒来之后无法入睡，不妨轻轻合上眼，平静地说："谢谢你！

谢谢！谢谢！你给了我健康、财富、快乐与平安。"一次次地重复。

通过上述内容，遇到问题很快就会找出答案。解决问题越多，你的自信就越增长。越有自信，就能解决许多问题。

# 在聪明之中的无知

强烈的热望会造成"聪明的无知"，就是不知道自己不会做某件事而去做了。这种无知常常使人完成不可能做到的事。例如新的推销员对销售几乎一无所知，却因为别人的鼓励，力求表现，业绩反而超过那些老手。

大家都知道大黄蜂不会飞，科学家证明它的身体太重，翅膀太轻，根据气体力学，大黄蜂绝对飞不起来。但是大黄蜂不识字——它竟然飞起来了。

人们熟知的亨利·福特是个与众不同的人。他四十岁之后才发迹，小时候没受过什么正式教育。他建立起自己的汽车王国之后，产生要制造V型八汽缸引擎的想法。有一天，他把厂里的工程师召集在一起，告诉他们："各位，我希望你们能制造V型八汽缸引擎。"这些头脑灵光、受过高等教育且深知数学、物理学及工程学理论的工程师，知道什么可行、什么不可行。他们耐着性子向福特解释，这种引擎根本不可行，但是福特不听他们的解释，只说："各位，我一定要这种引擎。"

他们无精打采地工作了一段时期，回来向他报告："我们比以前更坚定信心，这种引擎根本造不出来。"但是福特却不为所动，坚持要他们做出来。这一次，他们多花了一些精力、时间，也多花了不少钱，结果仍然一样。

福特的字典里没有"不可能"这三个字，他眼里闪着坚毅的光芒说：

"我一定要V型八汽缸引擎，现在就请你们回去继续努力。"结果，他们真的成功了。因为有一个人不了解原理，不知道有些东西不可能做出来，结果竟然做到了不可能的事。日常生活中不是也常见这种情形吗？甲认为不可能做到，就真的做不到。乙认为做得到，结果就成功了。

二战期间，克雷顿·亚伯拉将军及部下一度四面楚歌，面对这种艰难的处境，他的反应是："各位，在这场战争中，我们第一次可以随心所欲地从任何方向攻击敌人。"亚伯拉将军不仅有生存的欲望，更有胜利的欲望。重要的不是处境，而是当时的态度。

什么叫聪明的无知呢？就是面对生活中不被看好或消极的处境时的积极态度，也是让你把苦涩的柠檬变成柠檬汁的物质。有两个人得了小儿麻痹症，其中一个沦落在华盛顿街头当乞丐，另外一位日后成了美国总统。

聪明的无知是希望的种子，是对我们所遇到的每一件事都抱着乐观的希望。不论处境如何，都可以从中找到乐趣。简单说，就是不论生命给了我们什么样的柠檬，我们都能把它变成可口的柠檬汁。

查理·凯德林的"柠檬"相当独特，是一条断了的手臂。多年前，他在自己家前院发动汽车引擎，没想到发动不成，引擎忽然用力往后弹，打断了他的手臂。他的反应如何呢？先是痛苦地抓住手臂，但是随即想道："发动车子的时候遇到这种事，实在太可怕了。"他的柠檬——断了的手臂——成就了柠檬汁。

贾伯·希克的"柠檬"是他探勘金矿时零下40℃的气温。在那种低温下，无法使用刮胡刀刮胡子，于是他发明了电动刮胡刀，变成他取之不尽的大金矿。

尤金·欧尼尔原来是个流浪汉，后来他的"柠檬"——一场大病——使他不得不住院静养。躺在病床上时，他写下许多不朽的剧本，他也把柠檬变成甜美的柠檬汁了。

这样的例子不胜枚举，事实告诉我们，只要把任何"柠檬"加上足够的热望，转变成聪明的无知，就能制造出美味可口的柠檬汁。

麦可·魏登一岁时患了小儿麻痹症，两岁时，他就能靠着拐杖行动自如。但是十六岁时因为病情恶化，使他半身麻痹，只能以轮椅代步。

1971年8月，二十一岁的麦可连一小时二点九美元的工作也丢掉了。劳力市场虽然不需要残疾人，但是任何公司都欢迎热心、勤奋的员工。不到一个月，麦可就被伊利诺伊州洛克福市的一家职业介绍所聘为就业顾问。这家介绍所隶属于一家拥有一千三百多名员工的国际职业介绍所，十分有前途。

1975年3月，麦可荣获该公司当年的"模范顾问"。他深信只要尽力帮助许多人得到他们想要的东西，就能得到自己想要的一切。他全心全意帮助别人，在1974年得到6万多美元收入——别忘了，当时经济非常不景气。

他不认为自己有任何残障，也从来不会为自己的失败找借口。既然造物者给了他一"袋"柠檬，他干脆榨出一"桶"柠檬汁。

大家都知道，第二次世界大战的起因是日本偷袭珍珠港。当时有许多忠心的日裔美人也和土生土长的美国人一样忧心忡忡，但是他们却受到羞辱的待遇，被关了起来。美国政府假设这些日裔美人可能对美国不忠，几经磋商，政府终于给他们参战的机会，让他们用事实证明对美国的忠心。

查理·固特异的柠檬是因为蔑视法院传票而被判刑。他在狱中没有呻吟抱怨，除了担任厨师助手之外，不停地动脑筋思考，发现了使橡皮硬化的方法。他的柠檬榨出了柠檬汁，因为他，我们有了更好的轮胎、更好的交通工具以及更好的生活方式。

马丁·路德的柠檬是被关在华特堡。他的柠檬汁——德文版《圣经》——造福了无数的后人。

讲到这里，你应该明白本章的要点了。如果造物主给你一个柠檬，你就有了为自己制造柠檬汁的主要成分。遭遇并不是最重要的，只要有方法、有决心、有毅力、有欲望、用积极的态度，成功的机会就增加许多。聪明的无知、天赐的柠檬，加上诚挚的热望，可以帮助你达到生命的顶峰。

失败的路上是挤满了人的，他们小心翼翼地向人们诉说为什么"做不到"某些事的原因。但是在同时，却有无数能力不及他们的人，因为聪明的无知，把生命的柠檬榨成柠檬汁。失败道路上的人往往有很强的能力，问题是种种失败的借口使他们变得难以行进，他们仍是失败者。

# 立志化腐朽为神奇

1965年，金克拉到堪萨斯市去演讲。座谈会在周六傍晚结束，他准备一个人吃晚餐。刚跨出电梯，就听到柏尼·洛夫老远喊："金克拉先生，你要到哪儿去？"他说："去吃饭。"他深情地说："一起吃吧？我请客。"

有人请吃饭，金克拉很愉快地答应了。他们一见如故，起初谈了些家常话，后来他问柏尼为什么要长途跋涉来参加这个座谈会，他说："路程的确很远，但是我得到很多对生意有帮助的观念。"金克拉仍然觉得从加拿大到堪萨斯市的旅费太昂贵。柏尼笑道："幸好有我儿子大卫，我不必担心钱的问题。"金克拉问："你儿子想必有一段有趣的经历，愿意说给我听吗？"柏尼欣然讲了一段鲜为人知的故事。

"大卫出生的时候，我们夫妇很高兴，因为我们已经有两个女儿，加上大卫就十全十美了。但是没过多久，我们就发现情况不妙。他的头老是无力地垂向右边，口水也比一般孩子流得多。家庭医生告诉我们没有任何问题，长大一点就没事了，但是我们心里总觉得不对劲。后来我们带他去请教一位专家，诊断结果是畸形足，连续接受了几周的治疗。"

"我们知道问题一定严重，于是又带大卫到加拿大去看最有名的专科医生。做过检查之后，医生告诉我们：'这孩子患有痉挛性瘫痪，一辈子都不能走路、说话，也没办法数到十。'他极力建议我们，为了孩子自己和家里正常人着想，还是把他送到疗养院比较好。我愤怒地说：'你知道我是推销员，我没办法把自己的孩子想成植物人。在我眼里，他是强壮、快乐、健康的孩子，将来会长大成人，过美好的生活。'我问医生是否还有其他地方可以求助，他说，他已经给了我们最好的忠告，然后起身表示谈话结束。"

柏尼接着说："这位专家只做了一件事，就是刺激我们痛下决心，一定要解决问题，而不是只知道提出问题的医生。"

柏尼和妻子先后找了二十多位名医，每位所说的话都大致相同。最后，他们听说芝加哥的皮尔斯坦医生是治疗脑性麻痹的世界权威，他的病人早已预约到一年之后，柏尼夫妇千方百计，经由各种渠道，终于得到皮尔斯坦医生的同意，安排时间为大卫诊治。

经过检查，结果仍然相同：大卫得了脑性麻痹，但是，只要柏尼愿意打一场永无止境的苦战，大卫仍然有希望。柏尼夫妇认为世上没有任何事比治疗儿子的病更重要，所以毅然遵照皮尔斯坦医生的详细指示，给予大卫超乎常人的压力，使他能忍常人所不能忍。皮尔斯坦医生告诉他们，这是一场漫长艰苦的战争，甚至有时候会让人感到心灰意冷，毫无指望。他指出，只要开始行动，就永远不能停止。中途放弃，会前功尽弃，大卫甚至会有倒退的现象。但无论如何这总是一个希望，在回家的路上，柏尼夫妇的脚步和心情都变轻快了。

柏尼夫妇请了一位物理治疗师和一位保健师，并且把地下室改成健身房，让大卫每天接受体能训练和精神的磨炼。

经过几个月的努力，大卫的病渐渐有了变化，他能动了。虽然必须花很长的时间才能移动相当于自己身体的距离，但已经迈上了新的里程。

有一天，柏尼接到物理治疗师的电话，兴奋地请他回家一趟。他回到家里，大卫已经准备要表演伏地挺身了。有些大人连一个伏地挺身都做不了，何况大卫只是六岁的孩子。他把身体从垫子上撑起来时，由于精神紧张、体力透支，全身上下都被汗打湿了，垫子也像被水淋过一样。做完一个伏地挺身，大卫、物理治疗师、柏尼夫妇都激动得热泪盈眶。

更令人感到神奇的是，美国某所大学诊断大卫的身体右侧没有运动神经，他的平衡感极差，难以学步，也永远无法游泳、溜冰或骑脚踏车，因此他能做出伏地挺身，真是惊人之举！更重要的是，大卫一边和病魔奋战，一边从生活体验中学到了人生的重要课程。他一直稳定的进步，有些医学专家甚至认为他的进步神奇得令人难以相信。大卫真是个了不起的孩子！这并不奇怪，因为父母一直把他当成正常孩子，始终在向健康之路前进。

如今，只有天气太热不能溜冰，或者不开车时才骑脚踏车的"小男孩"，已经扔掉第四部老旧的脚踏车了。大卫学习溜冰的过程极为痛苦，尽管学会拄着曲棍穿冰刀鞋站立，甚至在当地的冰上曲棍球队担任左翼。医生认为他需要两年才能学会漂浮，他却在两周之内学会，第一年夏天还没过完，他已经学会了游泳。他曾经在一天之内做了一千多个伏地挺身，曾一口气跑完六英里路。他从十一岁开始打高尔夫球，练习认真，现在已经打破九十杆的成绩了。

看了大卫成长的经历，知道他所苦练出的各项才能及成功的原则可以引导他达到理想的目标，是一件非常令人兴奋的事。更令人兴奋的是，只要你肯努力，也可以像他一样成功。

大卫的智力和体力一样好。1969年9月，他得到圣保罗男校的入学通知，这是加拿大入学条件最严格的私立学校。他读七年级时，就已经会做九年级的数学。对于一个被医生诊断无法从一数到十的男孩而言，这种表现实在令人惊讶。

病魔缠上了大卫，可能永远也不会消失，他终身都必须有规律地运动，只要休息几天，就可能造成严重的后果。大卫像任何19岁的活泼男孩一样，也深爱伙伴。但是运动时间一到，他就必须去做运动。当然不是只有他一个人苦练，除了父母和两个姊姊之外，还有一大群亲友都乐于陪伴他、鼓励他。

大卫一生中的高潮之一，发生在1974年2月。一家寿险公司同意他投保10万美元的全险，条件与一般人无异。有史以来他是第一个得到这种保险的脑性麻痹患者。

认识洛夫家的人都知道，他们家的每个人在大卫生命中都扮演了相当重要的角色，并且和他一起成长，每一位都很优秀，对家庭、社区都有相当的贡献。以柏尼为例，他的成长就十分惊人，他只受过七年正规教育，但是他无时无刻不在学习。他一心追求完美，是非常成功的生意人。

柏尼无论对事业或生活都尽心尽力。整整七年里，他每星期都工作七天七夜，总共只休息过一晚上。柏尼在追寻成功的过程中发现，只要尽力帮助许多人得到他们想要的东西，你的人生目标就能如愿以偿。他本着这个原则，创立了加拿大最大的餐具公司。

无论从任何方面来看，大卫和那些帮助他的人都相当成功。这是一场群体战，每个人对大卫的现况都扮演着举足轻重的角色，胜利也是属于每一个人的。

接下来，我们要以大卫的故事为例，来探讨"成功阶梯"图。

婴儿时代，大卫不可能拥有图上的第一阶——健康的自我形象。但在父母眼中，他是他们的宝贝，应该拥有人生的各种机会。他们"预见"了今日的大卫，也"预见"自己有能力给予大卫这些机会。如今，大卫拥有健康的自我形象，其效果非常明显。

"成功阶梯"的第二阶是人际关系。在大卫成长及发展的过程中，许多人扮演了重要的角色。由于这些包括他父母、亲友、专业人员在内的人所付出的耐心与爱心，大卫所付出的血汗与泪水也就不那么难以忍受了。如果没有这么多人的协助，大卫目前的情况必定截然不同。这些人帮助大卫成为胜利者，他们自己也同样是胜利者，因为"爬得最高的人，才有能力拉别人一把"。

我们所讨论的第三阶是目标的重要性、如何设定目标，以及如何达成目标。大卫的故事中，可以明显地看出设定目标的各个方面。柏尼除了和家人一起设定大卫的目标，更有他个人、工作及财务方面的目标，起初柏尼必须很沉重地背负大卫的医疗费用，但是他像所有生命的胜利者一样，能够掌握机会。如今，他因为帮助大卫及其他人得到他们所需要的东西，因此也能得到自己所需要的一切。

第四阶"正确的心态"包括的范围很广，大卫的故事正好做了最完美的诠释。家人带领大卫循序渐进，把障碍化为垫脚石，以乐观态度面对所有不利的处境，是他们感染了大卫。他们一再告诉大卫："你一定可以做到。"大卫每天更衣、运动，和父母一起骑车到学校时，都在听积极、乐观的录音带。他的治疗师、父母及亲友不断加强他的积极态度。最后，正确的心态已经成了大卫生活的一部分，他所养成的好习惯有力地帮助他成长、进步。

第五阶"工作"也与大卫的故事非常吻合。下次你抱怨一天只有二十四小时的时候，不妨想想大卫。多年来，他每天都只有二十一小时，因为他必须花三小时和脑性麻痹作战。直到现在，他仍然需要花大量时间对抗脑性麻痹。如果他不每天做运动，病魔就会来找他。不错，他必须努力，但是大卫和家人知道，他们不是为健康"付出"代价——而是享受代价。

大卫的故事十分符合第六阶"强烈的热望"。说实话，在许许多多人当中，没有任何家庭比洛夫一家人具有更热切的期望。他们把为大卫争取生机的极端渴望化为行动。其中有些行动令他们深感为难，因为他们必须狠下心来严厉地要求大卫。有时候，大卫会哭泣着要求柏尼夫妇"让他休息一晚"，他们恨不得立刻答应他，为他分担苦痛。但是他们太爱大卫，为了他一生的健康及快乐，宁可在这时候对大卫的眼泪说"不"。

看完大卫的故事，我们可以发现自始至终都充满了美德、坦诚、忠心、正直的精神。在本书第一章就提到，任何天生所没有的物质，都可以靠努力得到。大卫的故事充分证实了这一点。看到今日的大卫，你一定难以相信他有任何异于常人之处。如果大卫一生下来就是正常的孩子，现在不知有多么优秀，也许会更高大、更健壮、更敏捷、更聪明……但如果大卫生下来时拥有更多，现在的他可能反倒没有这么出色了。他之所以拥有这么多，完全是拜脑性麻痹之赐。柏尼夫妇能够预见儿子在人生的接力跑道上占有一席之地，的确具有独到的眼光。他们帮助他起步，把接力棒交给他，然后大卫就一路向前跑。

大卫的精华还在后头，他未来的成就一定会超越过去。这个故事相当令人振奋，更令人兴奋的是，这个故事可以给成千上万健康的孩子带来很大的启示。如果他们都能像大卫一样努力不懈，结果必然会有惊人的表现。

现在，大卫了不起的故事又有了续集。一天晚上，金克拉在得州阿马利市讲述这个故事时，发现坐在前排的一对年轻夫妇深受感动。后来他们私下见面时，他们问起皮尔斯坦医生过世之后接班医生的名字，因为他们十五个月大的女儿也患了脑性麻痹，他们希望到芝加哥向这位医生求助。医生为他们的女儿检查后，发现她虽然有脑性麻痹的所有"症状"，但却绝对没有脑性麻痹。她只是因为早产，比一般儿童迟缓一些，却被医生误诊断为脑性麻痹。由于大家都把她当脑性麻痹儿看待，她就真的有了脑性麻痹的"所有"症状。听了芝加哥这位医生的诊断，他们立即开始把她当成正常儿童看待，短短几个星期后，所有脑性麻痹的症状都消失了。的确，我们用什么态度去看待一个人，他就会依照你的态度来反应，不分好坏，也不论积极或消极。因此，我们一定要多多发掘别人的好处。

现在你已经爬到成功阶梯的最上阶，一路走来，终于面对通往人生盛宴殿堂的大门了。